金色職涯煉金術

資深上班族職涯攻略

李雅萍（Vivian Lee） 著

博客思出版社

（推薦序按姓氏筆畫順序排列）

推薦序

未雨綢繆　創造退而不休的你

中華影音行銷協會理事長　李國維

首先，恭喜Vivian出新書，我也很榮幸被邀請寫本書的推薦序。

每個人在自己的職場上打拼，為的就是求得一份安定的生活。可是等退休後，有些人退而不休繼續工作，有些人就過著真正的退休生活，追尋人生的美好旅程。

雖然我還沒到退休年齡，但在Vivian的新書中有提到，如何趁年輕時經營自己，及規劃未來的退休生活並實現夢想。Vivian對職場上的觀察入微及發現中年人職涯危機等問題外，並以獨特觀點、新思維協助大家如何面對及思考，這帶給我很大的衝擊與啟發！

我推薦這本書，因為對目前還在上班或是即將退休者而言，會讓他們更清楚自己的未來生活方向，並能夠提早經營規劃，更是一本值得跟朋友分享的好書。

祝賀　雅萍的新書熱銷大賣　新書排行榜TOP 1！

推薦序

如何創造下半場人生價值？

中華身心障礙者職業技藝協會理事長　陳金士

每一個人都會走向老年，重點是想要過什麼樣的老年生活取決於年輕時候的自己是如何選擇及妥善規劃。在步入老年化的台灣社會，政府、企業及職場人是否已經做好準備因應這樣的浪潮來襲？

在這本書中，透過對職場各種人生百態的故事分享，期望鼓勵青年們在即將步入中年或已身處中年之際，應該好好靜下心來思考下半場人生該如何繼續創造價值，才能夠打造出屬於自己的金色職涯。同時作者也發展出新思維的經濟模式，拋磚引玉並期望政府及企業界能夠再創中高齡甚至退休人士的工作價值，打造老中青三代合作的金色經濟模式。

不要猶豫，請立即往下閱讀，本書沒有艱澀的理論，淺顯易懂地將你我的故事作深刻的描繪，相信讀完後可以為您帶來一些新的啟發，進而產生實質的改變！

推薦序

創造三贏的金色經濟

領導力／生涯轉換教練 陳韻琴

從事生涯轉換教練這幾年，發覺很多人在邁入中年階段後，無論工作是否如意順利，面對職場上長江後浪推前浪的威脅，總不免開始思考：是否該繼續待在職場打拚到六十五歲？抑或該急流勇退？如果繼續打拚，要如何讓自己仍能有尊嚴的在職場順利生存？若提前退休，又該如何安排退休生活？可惜，這些問題常常在思考後，未必每個人都能找到自己的方向。但隨著壽命的延長，特別是我國在二零一八年已邁入高齡社會，未來即便是工作到六十五歲退休，如果體況維持不錯，退休後可能仍有三、四十年的時間需要安排，因此如何在邁入中高齡階段時，有美麗的生涯轉換，讓人生下半場活得精彩，是我們不得不正視的問題。

本書對於面對當前職場生態環境，身為中高齡職場人，如何轉換思維、調整心態，讓自己在職場能夠繼續創造價值得以生存，並提前為人生下半場有充分準備，再創人生高峰，提供了六大步驟。更從寬廣視野，提出了金色經濟的概念，並具體的規畫以「資深夢想家的圓夢計畫」為藍圖，旨在透過這樣的計畫，能創造一個符合中高齡者及企業界彼此需求，以促進經濟效益的商業模式。這對於許多中高齡職場人，無異是個具體又務實的指引，對於企業的人力資源運用，也是個很好的啟發。當然這其中也需要政府相關部門制訂政策的協助與支持。期待本書的出版，能促使政策的快速推動，企業的重視，如此，這將是個人、企業、社會三贏的美好局面。

推薦序

創造被利用價值的退休生活

中華影音行銷協會秘書長　張曼玲

說到認識雅萍，是在生命講師班聚會時。深刻的是，當時對弱勢團體的看法和如何關懷有初步的共識與熱情，所以我們從專案合作對象到現在的朋友關係。

我們常聽到一句話：你為什麼還沒退休啊？如果我退休了，我一定要遊山玩水！其實，退休後的生活，這全看每個人用什麼角度來經營。年輕人有各式各樣的夢想，未來要做些什麼事？也最需要被鼓舞被激發，希望從他們身上，看見我們的未來。中年人有感恩回饋的夢想，除了工作能力能夠經驗傳承外也希望實踐一個新夢想，這更需要企業釋出友善與支持。

我推薦這本書，這不只是資深上班族該看的書，更是一本值得跟朋友分享的好書。書中沒有艱澀難懂的理論，而是以觀察社會現況及問題，用真實故事、新思維來幫助大家實現夢想．相信必定會帶給你不同以往的啟發與感想！

「創造被利用價值！」希望能鼓勵資深上班族或是即將退休的人，追尋下一段生命旅程的快樂夢想。

祝賀雅萍的新書熱銷。

推薦序

改變永遠有可能

PCT童樂匯親子教育中心執行長　楊東蓉

薩提爾女士曾說「改變永遠有可能！」雅萍的這本書將此句信念發揮的淋漓盡致。我是誰？角色、頭銜能定義我嗎？答案肯定是否定的。然而，我們每個人的內在都有個渴望，渴望自己的生命具「有意義」！只是這份渴望往往隨著漸長的年紀、漸重的責任而漸埋心底。

雅萍透過本書的一字一句，燃點我們心中那份渴望，更帶領著身為社會中堅份子的我們，跟著她中年轉職、自我探索歷程的文字，展開自我對話、體驗自身生命的美，認可自己存在的意義和價值，是本不可錯過的好書。

推薦序

獲取夥伴友誼&發揮影響力

知名行銷講師　Song鄭老師

跟李雅萍老師的相識，在於合作辦課程的關係，後來也有接觸到網路行銷與設計方面的合作。近日來與李老師合作由中華身心障礙技藝協會所主辦的公益課程「生命教育講師培訓計畫」，旨在幫助身心障礙朋友們找到成為生命講師的使命和目標，得以撰寫出屬於自己的生命故事。所以李老師不只是幫助資深上班族尋找並規劃未來職涯、生涯，也希望從公益活動當中，幫助身障族朋友圓夢。

台灣人口老化是趨勢，李老師非常關注且重視高齡化的議題，因此未來會有越來越多高知識分子的優質閒置人力，熟齡工作者能使工作氣氛更穩定、並獲得更高的效率，還能幫助職場人尋找解決問題的技巧。《The Intern／高年級實習生》這部電影，就是李老師正在努力的進行曲！

目錄

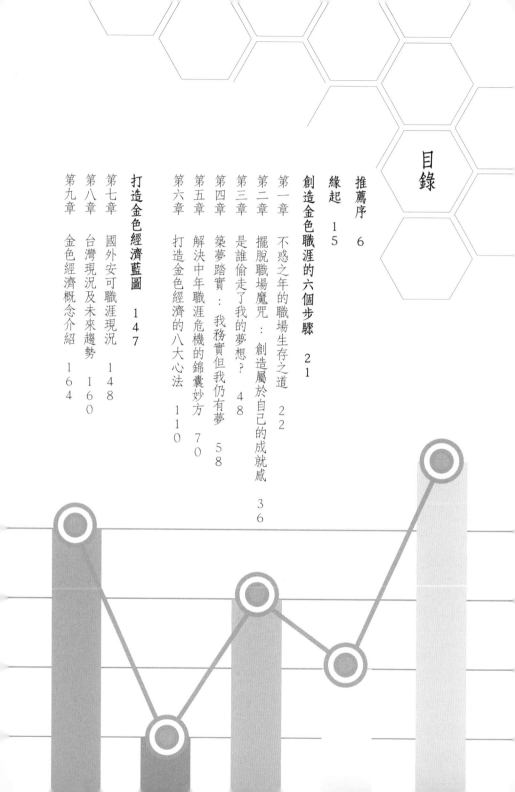

緣起

夢想是年輕人的權利！我只能這樣過一生了！

我沒有什麼夢想耶，也不知道自己還能做什麼。

我只希望能做到財富自由，不須再為錢工作。

我很想退休，但沒有辦法，因為仍有經濟壓力……

常常聽到周邊的朋友如是說。其實，不論是年輕或年長者，都有以上的困擾，尤其是四十～五十歲之間的上班族群，感受最深。在組織工作資歷長達一、二十年，若沒有順利升上主管，也沒有打算創業的中年上班族群，一方面習慣於組織的豢養，一方面又感嘆自己難道就這樣一輩子了嗎？若能一輩子受到組織的庇護、照顧也就罷了，實際上，組織為了達到效益極大化以對股東交代，並無法照顧每一位員工的需求，即使是過去對公司戰功彪炳，當價值不再的時候，一樣只能對元老級員工含淚說抱歉。筆者曾經待過許多的外商公司，組織常見的做法是先削權再邊緣化，最後放進冷凍庫。幸運的話，能在一個位置安然過下去，直到有一天，因為種種原因，自己主動或被迫的消失在這個位置上，而這過程有時可能是非常安靜的，安靜到走了一個月後，才被昔日的同事或後輩發覺你已經默默的離開了……

因為看到太多類似的案例了，再加上自己也是身處在四十~五十歲之間不上不下的上班族群，雖然眼前的福利待遇相較其他公司極為優渥，但心中仍然充滿不安與徬徨，常常自問：我有可能一直這樣待在組織裡嗎？現在看起來仍有價值的，什麼時候會被老闆及主管視為無產能的員工呢？這樣的不安感，讓我開始研究中年生涯轉換的相關歷程。在尋找個人生涯轉換的可能性當中，發覺到中年生涯轉換的過程將與老年時退休生活品質息息相關，如果未能成功轉換下半場人生職涯，且家中仍有經濟負擔，這對於一個少子化、邁入高齡的社會來說，相關的社會問題便陸續產生：

對中年失業造成家庭破碎、退休金制度破產、「下流老人」的誕生等種種問題，需要更多的社會福利挹注。而年輕人低薪化，薪水能養活自己就很不錯了，若仍有高齡雙親需照顧奉養，則可以想見其壓力之大！

如果中年世代甚至中青世代，在還有餘力準備的時候，對於自己的下半場人生做好規劃，不但能為自己打造一個豐足的退休生活，也能減輕後代子孫以及社會的整體負擔，這該是一件兩全其美的事！然而，縱然我們有這個心想要好好規劃人生下半場，但是否社會願意給這個機會，讓中老年人仍能夠發揮自己的專長，持續創造產值，既能延續本身收入，讓自己退休生活無虞，又能對社會持續做出貢獻呢？

目前台灣社會對於中老年議題的覺醒和重視逐漸提高，紛紛有企業投入長照醫療和銀髮用品等相關產業，且政府對於中年及銀髮族的工作媒合也相當重視，常舉辦求職求才博覽會以及相關講座，鼓勵企業晉用中高齡勞工並給予獎勵，但媒合的成功率以及是否能夠適才適所，則是難以評估。觀察到所提供的職缺工作以服務業為大宗，一般公司內部職缺不多，因此，若是針對中高齡擁有特殊專才的求職者，則並不容易在這樣的媒合中，找到可以發揮並延續專長的工作。是否參與徵才的企業並不認為中高齡者能為公司帶來實質效益，所以只是配合性地提供一些不太需要專業的低階工作？又或者是一般企業尚未意識到高齡化社會的到來，仍然傾向雇用年輕人，卻又不肯給予高薪，導致年輕人低薪化。企業殊不知在不久的將來，年輕求職者將成稀客，若不打算雇用中高齡員工，則企業營運將成困難。

於是我在思考，有沒有一個制度或是模式，可以讓中高齡者可以持續產生價值以達到經濟自給自足，不但能解決龐大的社會福利問題，也能讓中高齡者擁有圓一己夢想的機會，進而擁有健康富足的下半場人生；另一方面，企業若能以開放心態及角度，晉用所需的專業人才，使其在公司內能扮演經驗傳承以及協助後輩的角色，老中青三代一起創造最大經濟效益，**這不就能形成另類的**「金色經濟」嗎！

在這裡，取名「**金色經濟**」以有別於銀髮經濟。政府目前定義中高齡為四十五～六十五歲，而生涯**轉換的思考啟蒙期**，則建議將年齡層往下拉至三十五～四十五歲，以提早為下半場職涯做好準備。「金色經濟」指的是由中高齡工作者所打造出的經濟體系，將退休年齡往後延，甚至退而不休，以持續具備生產力並對社會帶來貢獻。第九章將有更深入的說明及介紹。

在國外目前已有許多倡導「安可職涯」的組織在執行一些生涯轉換的專案，能夠讓退休專業人才持續以某種工作形式在組織裡發揮功效，並且獲得薪資以支付退休生活所需，而台灣在這部分目前是缺乏且仍有改善空間的，一方面由於企業對於中高齡員工的晉用還不夠開放及友善，另一方面則是因為絕大多數人中年意識雖有，但準備不足、毫無方向的大有人在。每天忙碌奔波於家庭與工作之間兩頭燒的上班族群，身為家中重要經濟支柱，一旦突然面臨失業情形甚或是其它意外變故，在毫無準備的情況下，整個家庭往往即陷入困境當中。

附註：日本社會學者藤田孝典於其著作《下流老人》中提出「下流老人」一詞，描述日本高齡者生活貧窮衍生出的社會問題，引發許多省思與迴響。

附註：介紹書籍

書名：安可職涯(40到70，熟齡世代打造最熱血的工作指南)

The Encore Career Handbook : How to Make a Living and a Difference in the Second Half of Life

作者：瑪希・艾波赫

安可職涯（Encore Career）——全球正在發生的熟齡世代新風潮。

演唱會結束後歌手可以重返舞台，再唱一首安可曲。

人過中年也可以重新追尋一段結合個人理想、社會公益與穩定收入的安可職涯。

本書希望帶給大家一些新的想法、啟發，進而產生行動。無論您是否即將邁入中年或已經是身處於中年的職場人，都可以重新省思現在的自己，提早規劃並且做足準備；也希望透過社會大眾的逐漸重視，能產生更友善的職場環境，讓每一個人都能在人生下半場持續貢獻己力、發光發熱，而企業間也能挹注新的職場能量，帶動金色經濟，以有效解決人口老化可能引發的社會經濟問題。

在職場中載浮載沉二十餘年，其中有歡樂有悲傷，也和大家一樣不斷的在摸索職場生存及成功之道。然而，這樣的掙扎在我即將面臨四十歲大關時，開始有了頓悟：何謂成功？我要一味地追求職場上所謂的成就來自我肯定嗎？這樣的職業生涯又還能走多久？無意間看見一位朋友引用聖經中的一段話來形容中年人複雜的心情，直覺相當貼切，所以在此跟大家分享一下：

似乎不為人所知，卻是人所共知的，似乎要死，卻是活著的，似乎受責罰，卻是不至喪命的。似乎憂愁，卻是常常快樂的，似乎貧窮，卻是叫許多人富足的，似乎一無所有，卻是樣樣都有的。（哥林多後書：6：9-10）

資深工作者在職場上的起伏，正是這般悲喜交加的感受，然而表面上看似榮耀的，實際上卑微；外顯奢華富有的，實則心靈貧窮；相反地，如果擁有強大的心靈、健康的心態，即使身處在卑微的職務，也不至於感到憂愁、困頓。如果，我們知道自己目前身處在哪裡，接下來又可以往哪裡去，那麼這些職場中的種種淬鍊，也只是為了讓我們可以邁向更好的自己的一個過程罷了！

由此，遂將在職場中觀察到周邊同事、朋友的故事以及自己內心探索的歷程，整理出創造「金色職涯」的六個步驟，供大家參考。

創造金色職涯的六個步驟

第一章　不惑之年的職場生存之道

如果一個將屆中高齡的上班族，仍然依循著過去的生活模式及工作習慣而不思改變，其選擇將會直接影響往後退休生活的品質。

不惑之年的職場生存之道，可以分為生理、心理及物質三方面來看：

在生理方面，一直習慣於公司組織豢養的上班族，每天忙碌於組織日常工作及緊急事務處理，絕大部分的人下班後，最大的渴望就是能夠癱坐在沙發上看看電視，什麼也不去多想，讓電視節目來麻醉自己，希望能夠忘卻一天上班的煩悶和壓力；又或者是藉由上網與朋友哈拉，認為網遊世界可以忘卻現實生活的煩惱，擁有另一種下班後的身分；另有一種人，則是每天周旋於家庭、工作之間的職業婦女，下班回家後又是另外一個戰場，孩子教育、家務事、甚至公婆雙親照料等都落在他們身上，奔波忙碌日復一日，哪裡有多餘時間來思考生涯轉換的議題呢？

若是詢問他們，是否認為自己可以一直待在目前的工作崗位直到六十五歲退休，大家普遍的認知都是：絕對沒有辦法！因為工作壓力太大，且公司也不會讓老員工可以高枕無憂，好好待在組織內養老，因為企業普遍認為老員工將跟不上時代的競爭力。然而，最大的原因還是來自於員工自己，擔心自己的體力和腦力已不如從前，將無法有效應付職場迅速的變化。的確，體力已無法跟年輕時相比，長期工作負荷及加班累積的疲勞讓身體不斷出現警告訊號，看到一些資深年長的同事，開始需要定期往醫院跑，三天兩頭不定時請病假，除了影響工作，也帶給其他同事不便。若是遇到主管願意包容，那真的恭喜你，不過，這種情形恐怕無法支撐太久，因為同儕及辦公室氛圍會讓你無法這樣輕鬆度日。畢竟公司是營利的單位，你的頻繁請假或是突然告假，將影響其他人作業。因此，在這個階段，如何做個無害的上班族也是相當重要的。所謂「無害」是指，不因為個人因素而影響其他人工作，仍兢兢業業地在工作崗位上努力，主動幫助他人，不倚老賣老而能夠提攜後輩以獲得大家的尊重，如此一來，即使因為身體不適需常請假，或者有些繁重費心的工作可能做不來，但因你的無害及友善態度，往往能獲得主管及年輕同事的協助與支持，既可以獲得年輕同事協助以彌補本身體力不足或欠缺的行動思考力，也能夠發揮自己最擅長的專業，持續為組織帶來貢獻。

另外，生理上的變化也影響著情緒及心理狀態。在職場上打拼這麼多年，早已對上班事務失去了新鮮感，再加上對升遷已不抱指望，工作也只是勉強餬口的工具，於是抱持著能做一天是一天，能做多少是多少的心情，就這樣一天過一天。這樣的工作心態很容易被周遭人看穿，特別是老闆，因為老闆不願花錢在工作績效不佳的員工上，殊不知資深員工的狀似績效不佳，是源自於沒有了工作動力和成就感，但是老闆們寧可投資在培養年輕人身上，因為認為年輕人的工作使用期限會比較長一點。就在這樣的惡性循環下，老闆持續想要增加資深員工的工作量，好壓榨出產能，但卻持續不願意對資深員工做出激勵及獎勵，而資深員工也只能學習如何應付老闆的需求，可也不願多虧待自己，便會在其中找到自我可以安身立命之道。難道真的是資深老員工缺乏成長的潛能，對公司貢獻度逐漸降低？抑或是資深老員工早已看透職場上的爾虞我詐，不願意強出頭，只想固守在本份上安靜的作好自己的事？答案在每個人的心中，如果此刻的你，正處於這個階段，明明在公司待很久了，應該沒有功勞也有苦勞，但總是覺得工作上鬱鬱寡歡，沒什麼成就感，也越來越無法忍受老闆的不重視及不尊重，很想離職卻又不知道下一步在哪裡？在這裡提供一個為資深老員工們心理解套的方法，或許能改變一下想法進而改變工作心情：你無法預測及控制他人的想法，但你可以控制的是自己的想法和心境。資深員工們若在一個領域上已累積相當實力和專業，即便不是主管階級，也是熟稔公司事務的前輩，這時候在工作心境上，不妨把自己當成公司聘請的顧問，隨時能展現專業度並且具備支持他人、提攜後進的能力，把每天都當作在這間公司最後一天上班似的，盡力且愉快的做完當天的重要任務，並且隨時準備好若必須離開職場後的新生活。這時候，認清自身所處的環境相當重要，最忌仍把自己看得太過重要，對後進及同事產生倚老賣老心態，且一心期盼公司應該要看到你的付出，同時給予對等的回饋。這階段的上班族要懂得識時務者為俊傑，但也不需要妄自菲薄。此時老闆和主管多半吃定了你不敢隨便離職，因此不太會尊重及考慮你的發展，他們普遍有一種公司還願意養你就很不錯了的心態，你應該對公司做出更多的貢獻。因此，越能夠隨時保持自我學習及培養本身多元多工的能力，就是你越快能擺脫這種宿命的不二法門！

在物質上，大公司和外商多半用良好的薪資福利去豢養上班族，一旦習慣了這樣的收入，同時有了和收入對等的必要支出，甚至是高於月薪的固定費用，那麼要順利脫離職場恐怕又是件難事了。其實，如果懷抱著願意留在職場持續打拼，直到自己不得不離開公司的那一天的想法，這也是一種人生選擇。只是在看到身邊周遭的同事和朋友們，因為這樣的原因不得不咬著牙痛苦的留在工作崗位上，做得既不開心也沒有活力，沒有自己的目標，也缺乏改變的勇氣，這樣的日子拖久了，很容易就成為公司裡的麻煩人物，遇到事情不是推三阻四、事不關己，要不然就挑三揀四、四處攻擊放火。曾看過一位資深員工，老是把自己看得很大，常常指點別人，若沒有順他意工作，則四處說長道短，把不聽從他話的同事當作假想敵，不是你死就是我亡的找碴，還會留意機會，伺機報復。仔細了解這位同事的背後想法，不難發現，他自我期許及要求很高，但是在職場上不受到重視，也無心繼續耕耘職涯，卻無奈仍眷戀優渥的福利待遇，為了找到工作的重心和目標，就創造了自我防衛以及攻擊機制，以證明自己在公司中的存在感。這樣的資深員工其實對組織存在著傷害，但不可諱言，他們確實經驗老道，所以倚老賣老的情形時常出現，但在努力期待他人看重自己的同時，生命就這樣匆匆流逝了。殊不知，再經驗老道、戰功彪炳的人，再懂得公司運作的人，也會有走到謝幕的一天，這些過往曾創造的經驗和立下的戰績，最終也只是曇花一現，當你正式離開這間公司的那一天起，所有的功勞苦勞將即刻一筆勾銷，對於你的未來人生起不了太大的作用，但若是留下了不好的名聲，則很有可能伴隨你到下一家公司。若不能看清這一點，仍每天汲汲營營，甚或不惜製造組織內紛爭來刷自己的存在感，等到自己必須下台一鞠躬的那一天，剩下的也只有和前同事們吵鬧不休的畫面，還有被公司背叛的失落挫敗感而已。因此，若為了經濟上的需要，資深職場人選擇的是留在原公司繼續奮戰，那麼，該如何適當調適心態，並且為自己創造更多新的機會，擴張自己職涯的可能性，則是這階段上班族刻不容緩必須思考的事。

資深職場人在一天的忙碌工作後，拖著疲乏的身子回到家，習慣選擇癱坐在電視機前或在手機上掛網尋求紓壓方式，然而短暫的麻痺並沒有辦法真正紓解生活上的壓力和苦悶，每到夜深人靜時，一種不安和憂鬱的感覺又逐漸萌生，心中隱隱浮現一些想法：「我的老闆真是個沒用的笨蛋，才會一直叫我改簡報，淨做一些浪費時間的事！」「我的大學同學都當上總經理了，我還待在這兒做個小職員，真是沒出息！但轉眼已是中年之身，並不想繼續在職場上掙扎了，此刻又不能沒有工作收入，也只好無奈接受這樣的自己了……」雖然嘴上這麼說，但是，真的能全然無悔地接受這樣的自己嗎？想到曾有的夢想是否遙遙無期？這一生是否就注定只能這樣平淡無奇？現在的工作又能做到何時？沒了工作又該怎麼辦？一連串的問號，種種複雜難解的思緒足以讓人煩悶不已。因此，為了兼顧理想和現實，職場人應趁著自己仍有剩餘價值時，在職場上多做打拼，儲存老本，但別忘了，每天仍要給自己一些喘息的機會和空間，去發掘內心深處的渴望和需求，逐漸訂下離開職場之後的下一個目標。因為，若沒有明確的目標，我們就會猶豫不決、無法前進，等到必須被迫離開職場的那一天，你會突然驚覺，過去的種種彷彿明日黃花，曾經在職場上為了某些事情跟同事爭執不下、為了績效天天加班到沒日沒夜，不惜犧牲的家庭關係和健康，以及這一切的一切曾努力追求的名利和慾望，將再也不具任何意義，最終仍然會走到必須要重新開機、一切歸零的這一天。既然這一天遲早會到來，何不讓我們趁著還有體力和學習力的時候，盡情拓展第二人生的各種可能性呢！

分享一個外商派駐台灣的外國高階主管的故事。這位高階主管在業界是出了名的嚴格嚴厲，因為他非常聰明，所以常常一針見血的道破問題所在，不太給人留餘地；因為他工作非常認真，所以也看不慣偷懶拖延的員工行為，會想盡辦法要你做出貢獻，常會在會議上直接點名某某某怎麼沒做好工作，語氣盡是嚴苛不留情面。也常常拋出許多值得深入思考的問題，雖然被質問的人有時會感到不受尊重，但不得不佩服他真的很聰明，能夠從小地方窺見後面可能隱藏的問題。在接任這份跨國總經理工作之前，他曾生了一場大病，一般人在大病初癒後，可能的想法便是安養休息，過著雲淡風輕以身體健康為重的生活，不過這位總經理的想法果然非一般常人，他有感於自己的生命有限，認為必須在有限的時間內，好好地做出一番成績來，才不會愧對自己，因此在台灣工作的期間他非常地拚命，一切也以績效為導向。乍看之下，公司也確實在他高壓統治下，硬是完成了許多專案，成績看似斐然。幾年後，他的努力終於有了回報，即將高升至亞洲區域主管，同仁們莫不感到高興，因為終於可以喘口氣了。隨著新舊主管交接的時刻來臨，這位在工作上雷厲風行的外國主管，眼看就要離開這個他一手打造起來的機器工廠了。就在此時，看過這麼多職場上的詭譎多變，許多事情常常不是我們可以預測到的，有些時候是某種政治的因素，看不見的手在運作，當然也有個人突發變故所造成旁人意想不到的結果。最後事情的發展大出人意料，原本新舊總經理還在歡喜交接期，然而就在他正式要交棒的前一週，事情起了變化，突然聽到這位前總經理將留職停薪一年的消息，理由是因為家庭因素，必須返回原母國，因此並不會去接任亞洲區域主管的新工作。這個結局和原因讓大夥兒一時感到驚愕不已，紛紛在議論是什麼樣的家庭因素，會讓這位平常意氣風發，十分以工作為重的人，願意放下辛辛苦苦所建立起來的一切，選擇重新歸零？況且，他在公司有這麼久的資歷了，面對眼前一個大好機會，是什麼樣的想法和轉折，可以讓他寧願抛開過去所有，甘心一夕之間成為一個局外人？姑且不論他離開的背後真正原因，同仁們私下談論的是：如果早知道這一切都將歸零，當時這位嚴厲的主管會不會放下自己的高自尊，當一個體貼部屬的好老闆，讓他離開的時候足以讓同事們感念，而不是留下毀譽參半的評價呢？從我的觀點來看，這位主管正面臨不得不暫時中斷職業生涯的轉換階段，因為他正值四十出頭的年齡，未來還有很長一段職業生涯要度過，這樣的暫時休息或許是老天爺要給他一個好好重新選擇人生的機會，可以重新審視過去，並且沉澱一下心靈以找出自己到底在意的是什麼，什麼才是對自己有意義的人生。

用我很喜歡的一句話來跟各位分享：如果你不能做高山上挺拔的蒼松，那麼就做一朵草原上綻放的花朵吧！

這個階段，留或不留在職場都是一種選擇，重點是希望能將這選擇權掌握

如果你不能做高山上挺拔的蒼松，那麼就做一朵草原上綻放的花朵吧！

在自己的手上，而不是他人的手上。若您選擇現階段仍留在職場打拼，那麼請仍兢兢業業地做好手上的工作，想辦法在這裡找到自己的動力和定位，每天正面的看待人事物，是讓自己保持快樂工作的方法。同時，務必在繁忙的工作之餘，給自己一點餘力，去思考離開職場後的下一步會是什麼？這也是將選擇權掌握在自己手裡的重要步驟。如果你永遠沒有想好下一步，就會一直停留在原地，然後任由別人來決定你的生死。

如果需要有人從旁協助，請不要遲疑，許多資源可以給予這個階段的我們一些適時的提醒，同時激發想像空間。依照需求不同，可以尋求創業諮詢顧問、職涯顧問、生涯導師和生涯轉換教練的協助。創業諮詢顧問及職涯顧問對於想擁有自己事業或者尋求職涯上突破者，可以提供建議方案。尋找第二生涯的過程中，若能有良師益友互相討論，可以縮短摸索過程。生涯導師可從身邊的長輩找起，觀察他們如何安排日常的工作與生活，與他們聊聊每個階段的歷程和學習，他們擁有的豐富經驗，或許可以為我們的下半場人生給予一些新的啟發。

對於完全沒有頭緒或暫時不想找家人朋友們商量的人，尋找「生涯轉換教練」的協助，不失為一個好方法。不同於職涯顧問和職業諮詢師，「生涯轉換教練」會協助我們看到心中隱藏多年的渴望，找到人生的真正目標和夢想，激發潛能，同時陪伴我們達成所設定的目標，再將第二職涯巧妙的與心中的夢想結合，創造有意義的下半場人生！若尚未清楚了解自己真正想要的是什麼，也希望能有人在一旁給予支持以共同達成目標，則尋找「生涯轉換教練」的協助會是一個很棒的選擇，能讓我們在混沌不明中找到下半場人生的夢想，並且擁有實現夢想的能力。

附註：介紹書籍

書名：不離職創業

作者：派翠克・麥金尼斯著 Patrick McGinnis

書中提到，並不是每個人都能得到理想的工作，同時在這快速變遷的時代，穩定工作正在消失中，因此如何利用10%的時間與金錢來投入，先成為兼職創業家打造自己的B職涯，可能遠比你想像中的更重要！

本章重點：

1. 檢視自己過去的生活模式及工作習慣是否需調整。
2. 做個無害的上班族。
3. 你無法預測及控制他人的想法，但你可以控制的是自己的想法和心境。
4. 把每天都當作在這間公司最後一天上班似的，盡力且愉快的做完當天的重要任務。
5. 別把自己看得太過重要，對後進及同事產生倚老賣老心態。
6. 隨時保持自我學習及培養本身多元多工的能力，就是你越快能夠擺脫這種宿命的不二法門 ！
7. 留或不留在職場都是一種選擇，要將這選擇權掌握在自己的手上，而不是他人的手上。

第二章　擺脫職場魔咒：創造屬於自己的成就感

小時候在求學階段，努力讀書爭取好成績，考上好學校以光宗耀祖，證明自己的實力，這是大家一致遵循的成功路徑。出了社會後，同儕之間開始比較工作、比經歷、比薪資，擁有亮眼光環的，無疑是社會公認的高成就族群。然而到了不惑之年，一切似乎已成了定局，若是沒能走到理想中的成就位置，難免容易令人感到失意和挫折，遂不由自主地自怨自艾了起來，於是自問：為什麼能力和條件不比其他人差，但就是沒有好的際遇？難道我只能做到這裡，注定無法再突破了？我們有時候會懊惱，一切的努力難道老天爺沒有看見嗎？我的一生是否只能這樣了？

我也曾經在職海中載浮載沉一段很長的時間，同樣的心情在即將面臨四十歲的時候逐漸浮現，也曾經試圖掙扎過，希望能再奮力一搏，看看會不會帶來什麼新的轉機，然而好幾次觀察到了職場中其他同事的際遇，即便是位居高位要職，一旦風向變了，仍然得下台一鞠躬，當離開公司的那一天，過去的種種譬如昨日死，沒有人會記得你曾經為公司做過什麼，只是偶爾會被其他同事拿來當茶餘飯後的話題。這樣的領悟讓我開始有了不同的想法，覺得自己實在不需要這麼執著在所謂的成功定義，以及達成他人眼中的成就，換個角度來看，當老天爺不允諾我們的願望時，或許是要讓我們在挫折過程當中有所體會，然後學習如何轉個彎，走向真正屬於自己的人生目標。

人到了不惑之年，或許也該看清楚組織和制度的遊戲規則，並不是有能力的人就一定會獲得上司賞識，擁有更多的機會，反而是願意接受這個組織所訂定的規範以及受到主事者青睞的「親信們」才有出頭的機會，所謂績效考核制度也只是假齊頭式平等，在強調公正、公平評核口號的背後，其實意含著「信我者得出頭天」。看懂了這個規則後，很多的評核結果也就並不那麼令人感到忿忿不平了。這並不是要大家不需要盡力爭取，若是和自己認定的評核結果差異太大，為了捍衛名譽和權益，仍然需要清楚表達自己的想法和立場，包括我自己在內以及身邊好幾位同事及朋友們，都曾經有因為績效考核結果不如自己預期而和直屬主管表達想法的經驗。綜合大家的經驗值，一個部門內可以晉升的名額是有限的，所以縱使很多部屬都表現不錯，主管也只能提拔自己心目中最具價值的得力助手，也就是對自己最有用的人。這已經無關於你是否有績效，或對公司忠誠，盡忠職守，還是夠不夠努力，考量點在於你當下是否是主管需要的得力員工。這樣的升遷機制，是以主管的想法為前提，當然，對於這些努力討好主管的員工來說，一旦直屬主管更換了，原本辛苦建立起來的信賴感也必須歸零計算，也只能說，晉升與否跟個人的努力與否不見得畫上等號，但絕對與個人機遇密切相關。另外會受到績效制度影響的，就是獎金和加薪幅度。同樣地，一個部門擁有的獎金預算和加薪幅度基準也是分配下的結果，有人績效高可拿高獎金，意味者必須有人被打低績效，然後領不到獎金。一個部門如果人數不多，大家平常的工作表現都有目共睹，有人覺得自己和同儕之間表現差不多，卻硬生生須配合制度被選為最差績效的員工。一位朋友因為主管這樣的理由感到忿忿不平，無法接受，他向我訴苦，自己並不期待升官加薪，只是不能接受，自問在工作上盡心盡力，也對公司組織傾全力付出，主管居然告訴他，必須有人墊底，因為他才來公司沒多久，沒有什麼功績可寫，所以只好選他墊底了。朋友聽了相當憤慨，去找直屬主管理論，表明自己不祈求加薪和獎金，但是希望主管能因為實際表現來評，而非制度殺人。沒想到這位主管，當場羅列了這位朋友表現不佳的各種罪狀，企圖合理化評比，讓朋友心服口服。這下子，朋友更氣了，直接申訴到更上層的主管，表達無法認同這樣的評比制度。更上層的資深主管比較具備員工面談溝通技巧，雖然安撫了我這位朋友，但是仍然無法改變評比結果，因為這就是制度上有需要，必須找一個墊底的員工。當然沒多久後，朋友選擇離職了，他終於了解到小蝦米無法對抗大鯨魚，在這個池子裡就必須遵守這個池子的規則。換個池子可能會變好，也可能更差，這都是一種選擇。再看看另外一位朋友的例子，他也在績效評估時，被打了比預期還低的分數，甚至比一些新進同仁還低，這讓他大為光火，因為自己的工作不比其他人輕鬆，也每天加班到很晚，居然落得這樣的評比，仔細探究背後原因，他認為自己並不是個聽話的員工，幾次拒絕上頭交付的任務，因為自己手頭上的工作已經太滿，實在無力承接其它離職員工留下來的爛攤子，朋友覺得這件事讓高階主管對他心生不滿，所以給予低評價。不同於前一個故事，雖然不開心，但他選擇繼續留任，等待時機。半年後，當初堅持給他負評的高階主管因故離職了，我也替這位朋友感到慶幸，他終於苦盡甘來，隨著新主管的上任，他又有機會重新累積信賴關係和績效表現了。

因此，建議這個階段的職場人，工作雖當盡心盡力但求隨遇而安，績效結果如無法如己所願，也不用太過於沮喪，因為在理解了組織一貫評核定律後，自己應該要對自我表現重新審視，當然不是一味地沉溺在自我感覺良好裡，而是應該找到自身的優勢和利基點，重新給予自我肯定。不需要太在意組織制度給予你的限制，因為沒有任何人或組織可以限制你，要相信自己是可以有所選擇的，只有自己能夠限制自己的發展。不惑之年的我們，成就感來自於自己下的定義，不需要再為了符合社會成功定義而生活，也不需要太倚賴外在有形的名聲、地位來證明自己的能力，因為能力是在執行過程中展現出來的，在擁有了基礎知識後，一切都是從實作中學習累積而來的，把握住自己能夠完成的項目，保持一定的速度前進，捨棄過程中外界的干擾，包括來自任何組織、系統、家人以及自己所產生的無謂干擾，只專注於自己想要的目標。排除這些干擾也意味著他人對自己的否定聲音將不會成為阻礙前進的絆腳石，因為這個時候的你，不需要再拼命地依照他人或任何組織系統的遊戲規則行事來換取認可，而是該重新定義自己真正的需要，創造屬於自己的成就感來源。

於是，在這段仍留在職場打拼的階段，我開始學習不把職場上的成就當作唯一追求的目標，工作上當然仍需盡心負責，但是我的目標已經由原本關注在職場上是否我的能力可以被看見，是否能夠得到上司的倚重，轉換為確保自己是否盡力完成被交付工作，是否關心周遭同事的需求以及自己是否能夠工作愉快。因為懷抱著這樣的想法，讓我得以平常心面對工作上的煩惱，避免陷入負面情緒，同時擁有更多的精力去探索我的生涯轉換方向。身為資深員工，熟稔公司人事及複雜流程，許多事物我做起來得心應手，也很樂意分享給新進同事，因而能結交不少好友，這也讓我的職業生涯得以延續，所以我將這段時間的成就感來源定義為：擁有平衡的工作及生活，從同事的反饋當中得到成就感，同時努力開創其他的成就領域。因此，我將學習到的教練諮詢專業開始應用到周遭同事和朋友身上，協助他們找到生命目標以及解決生活上、工作上的困擾，這樣的成就感足以帶來滿足，讓我本身也能在現職工作低迷時得到往前進的動力。同理，可以體會到很多職場人，會在繁忙苦悶的工作之餘，投身有興趣的事物或參與一些公益活動，因為藉由從事這些工作外的任務，往往可以擺脫職場上的煩惱，獲得單純付出的快樂。跟各位分享聖經上的一段話，它在這段對下半場人生目標仍混沌不明的職場歲月期間激勵了我，使我不至於因遭遇挫折打擊而失去了信心：「患難生忍耐，忍耐生老練，老練生盼望，盼望不至於羞恥」，這句話讓我能夠以平常心面對職場上的各種突發狀況以及人事傾軋問題，學習如何在組織中可以不受他人影響而能夠一步一腳印地勇往直前，關鍵在於心中有自己人生的長期目標，把眼光放在人生的終極目標上，就不會過於在意眼前現階段的不順遂，將這些不順遂當成滋養目標的過程，既然是一個過程，成敗則不需在此時蓋棺定論。也因為專注的目標不是現階段職場上的績效成果，自然可以不去計較個人表現，而是以協助團隊達成目標為依歸。這樣的思考模式，旁人看起來可能感到很不可思議，在公司組織中工作當然要講求表現，如此年度績效考核時才不會太差，也才有升遷加薪的可能。在這邊並不是鼓勵人不要追求職位薪水上的成長以及積極爭取團隊中的表現，而是這些都是近中年之前應該去努力的目標，過了中年後職場生涯可說是到了另一個境界，如果仍未覺醒，轉向積極尋找對自己人生下半場有意義的目標，很可能終其一生就這麼度過了，雖然這樣也沒有什麼不好，都是個人的一種選擇，只要能欣然接受而不感到後悔，任何的選擇都是個人最好的選擇！

有一位在金融領域打滾二十多年的高階主管，組織相當倚賴他的經驗，而他的專業能力讓他不需要擔心會有被組織裁撤的問題，然而他在五十歲時就起心動念想要退休，卻因為老闆一直挽留而沒有成功離職，終於在五十三歲的那一年毅然決然提出辭呈，打算開啟人生下半場。同事們無不感到驚訝與不解，像他這樣已經擁有一定的職場成就及地位的高階主管，為何可以這麼灑脫、這麼想得開呢？組織目前仍然需要他的專業，也還沒有到達退休年齡，沒有理由不多做幾年為自己儲備未來，難道是存夠退休金了嗎？在歡送會上，他是這麼回答的：這幾年看到周邊的朋友辛苦工作，做到身體接連出了狀況，還有幾位正值壯年的朋友也因為工作太操勞而罹患重症離開人世，於是感嘆人事間的無常，驚覺唯有把握身體仍健康時，才能過自己真正想要的人生。現在的他，只想要每天睡到自然醒，然後躺在沙發上盡情地閱讀武俠小說，錢只要夠用就好，孩子的大學費用讓他自己負責吧！同事們紛紛對於他可以如此放的下，感到好奇：小孩不需要送出國留學嗎？現在的存款夠活到八十～九十歲嗎？的確，在東方社會的觀念，父母親會不惜一切成本也要提供孩子獲得高教育高學歷，此外，隨著平均存活年齡的提升，退休成本也提高了，但是到底要存夠多少退休金才能過著愜意、自足的晚年生活呢？當然，愜意生活的定義人人不同，所需的金額也沒有一定，若是沒有持續穩定的收入，再加上現代人退休金往往準備不足，儲蓄總有見底的一天，也因此延後退休就變成了現代人的必須。在這邊特別補充一下後續發展，約莫一個月後風聞這位毅然決定退休的高階主管，似乎有可能跟公司表達想回鍋上班的意願！猜其原因應該是看了一個月的小說，每天實在不知要做什麼，日子太無聊了～其實，我比較擔心的是這位主管並不是想做這份工作才回來的，而是因為他不知道要怎麼消磨他的退休時光，如此一來，工作變成了苦差事，並沒有辦法把握人生下半場、好好的享受退休生活。當然，也有人能在退休時，從事自己喜歡又能延續專業有成就感的案子，例如資深經理人，退休後轉任顧問、講師或自行創業；也有人是轉入其他中小企業或非營利組織繼續貢獻所長，不過他們的工作時間會開始調整為非全職性的，當然收入不比全職時期，卻多了許多自己可以妥善運用的時間，仍然持續保有收入、可以貢獻社會，又能安排自己的時間做任何想做的事，這是許多上班族夢寐以求的事！由此可見，退休規劃非常重要，甚至應該提前到近中年前期，就規劃好生涯轉換的各種可能性，如此才能輕鬆面對並胸有成竹地迎向豐富的退休生活。

當然，願意延攬資深優秀同仁留任的公司，也不乏人在。我就認識許多擁有專業的主管，可能因身體出狀況或不希望再面對高壓和長時間的工作環境，必需選擇離開現職，很幸運地遇到懂得體諒他們身體狀況不佳同時有紓壓喘息需求的老闆或主管，能善用他們的專業，為公司繼續創造價值。在現代利益掛帥的職場環境，能獲得這樣的幸運機會，畢竟仍是少數。目前的企業主莫不追求速度感和年輕化，普遍仍認為只有年輕人才能迅速學習、積極面對挑戰，當然也擁有耐操的體力，沒有家累，可以全心為公司付出。在這裡有兩個面向值得我們探討：即將面臨中年的職場上班族，您是否做好準備要咬著牙繼續留在職場奮鬥，或是有可能須面對無預警被迫離開的那一天？另一個層面是，企業主及主管們，您是否有認知及做好準備，未來將很難找到適用的年輕人才，以及工作經驗青黃不接，無法完整傳承將呈現斷層現象？

本章重點：

1. 不執著在所謂的成功定義，以及達成他人眼中的成就。
2. 當老天爺不允諾我們的願望時，或許是要讓我們在挫折過程當中有所體會，然後學習如何轉個彎，走向真正屬於自己的人生目標。
3. 找到自身的優勢和利基點，重新給予自我肯定。
4. 不需要太在意組織制度給予你的限制，因為沒有任何人或組織可以限制你。
5. 要相信我是可以有所選擇的，只有我能夠限制自己的發展。
6. 不惑之年的我們，成就感來自於自己下的定義。
7. 不需要為了符合社會成功定義而生活，也不需要太倚賴外在有形的名聲、地位來證明自己的能力。
8. 心中有自己人生的長期目標，把眼光放在人生的終極目標上。
9. 把不順遂當成滋養目標的過程，成敗則不需在此時蓋棺定論。

第三章　是誰偷走了我的夢想？

常常在媒體上看到許多不老傳說，包括年齡平均八十一歲的不老騎士，這十七位平均八十一歲的不老騎士中，兩位曾患癌症、四位需戴助聽器、五位有高血壓、八位有心臟疾病、每位都有關節退化毛病，但他們用實際行動證明不管任何年齡都有圓夢的權利和能力。而年過六十多歲的陳樹菊阿嬤說過，她會一直賣菜捐款，直到活到人生中的最後一天。對於夢想，她的回答是：「生命最好的方式，就是完成我想要完成的事，然後在工作中倒下來。」陳樹菊阿嬤的夢想看似很小，但她付出的愛卻影響了很多人，因此當選了二零一零年美國《時代》雜誌最具影響力百大人物以及二零一零年《富比世》雜誌亞洲慈善英雄！但這些從來都不在她的人生規劃當中，她只是每天一步一腳印地完成她心目中值得的夢想，就是一個將捐款助人當作一生志業的小菜攤阿嬤！

夢想不必很大，他人的夢想不見得適合自己，端看你如何去定義它，並且逐一完成它，怕的是因為日子年復一年、一成不變地度過，我們早已失去了做夢的能力，一方面被生活壓得喘不過氣來，選擇了過一天算一天，另一方面又因自覺體力及能力大不如從前而畫地自限，不想再去擴展任何的可能性了。常看到周遭的朋友們，因為被困在上班生活緊湊繁瑣的工作事務上，沒有多餘的時間去進一步規劃、想像未來，甚至不認為自己還有任何做夢的權利，一心盼望能順利地做到退休，然後放鬆地去享受下半場人生，殊不知夢想需要時間萌芽，更需要提早準備。等到退休那一天起才開始想要追尋人生夢想，並非不可行，只是有可能錯過更多的可能性。大家都認同，一個人的生命及體力是有限的，那麼如何在有限的生命和體力下，讓自己能夠不後悔地度過這一生，這才是我想要和大家分享的。而所謂無怨無悔的人生，當由自己來定義評斷，有的人夢想成為一個企業家，能夠對社會做出更多貢獻，有的人可能認為能將孩子順利扶養長大，就是自己一生的志業。例如陳樹菊的終生志業，則是利他的捐款助人。夢想和終生志業不需要和他人比較，只有自己能確認並且賦予這個夢想特殊的使命。

身為不惑之年的上班族們，此時正是家庭主要經濟支柱來源，不但有繁忙的工作事務要處理，很多人同時更處於上有年邁高堂需奉養、下有年幼子女嗷嗷待哺的三明治處境，因此自覺無暇也無力再多做夢了。然而這個階段正是人生智力及體力的高峰，如果不能妥善規劃，為了下一步做好準備，只是任由時間慢慢流逝，等到不得不離開職場的那一天來臨，很多人會因此慌了手腳，不知如何是好。因此，無論再怎麼忙碌，再怎麼身不由己，每天仍然要給自己一點喘息的空間，思考我真正想做的是哪些事情，要做好哪些準備，來迎接必須離開職場的那一天，在自己還有餘力時提早準備，可以降低一旦必須離開職場的那一天來臨時所帶來的恐懼還有壓力。現在就開始吧！一點都不嫌晚，別被年齡和環境限制了自己做夢的權利。

在尋夢的過程當中，日常生活還是要顧好，最大的敵人就是時間和自己的意志力了。當時即將面臨四十大關的我，是個標準的三明治族群。上有雙方父母，下有一對子女要照顧。固定的房貸、教育費、孝親費、日常生活開銷一樣不能少，所以無法立刻離職去尋找夢想。我選擇的方式跟大多數的人一樣，一邊工作以維持基本開銷，一邊找尋適合投入的生涯轉換目標。一開始不太設限，只要有興趣的議題或課程，就會去聽聽看，從裡面找尋靈感。這時候我發現，和我一樣尋尋覓覓生涯下一步可能性的朋友們還真不少，因此坊間類似理財或創業的訊息非常多，有各式各樣需要付費或免費提供的活動或課程。我儘量先以免費講座或體驗課程為主，有時間就盡量去聽。難免會遇到其實偏重在課後推銷產品的課程或活動，這時候必須保持冷靜清醒的頭腦，避免在當下那種hot sale的氛圍，購買了高價且自己不適用的商品。藉由廣泛接觸各類講座及課程，能汲取他人成功或失敗的經驗，作為自己規畫下一步的參考，不過切記，千萬不要人云亦云，任何投資都是有風險的，如果沒有把握自己能拒絕他人洗腦或誘惑，就不要參加這類的創業投資理財講座，因為，若能妥善利用這類課程的人，可以找到一些機會；但若是被這類課程所利用的人，則很有可能勞民傷財最後發現一無所獲。

除了利用下班之餘，參與一些講座或課程以增加知識廣度外，真正的難題是在於如何將日常瑣事及尋夢的重要事務做一個分配和安排。在前期廣泛搜尋資料和目標方向後，盡量鎖定幾個有興趣並且有可能發展成為第二專長的領域，切莫亂槍打鳥胡亂投入時間和金錢，這個年齡的我們已有一些社會經驗，並且應該對於自己的個性、專長和興趣有一些了解，在時間和金錢有限的情況下，應盡量專注在幾個領域然後逐漸投入資源，長期下來一定會有所累積及收穫。

單身的朋友們，雖然不像三明治族群有上下的壓力，但是很多人也面臨父母高齡，需要人照料起居，或是常需陪伴跑醫院看診的問題，這邊有兩個例子和大家分享：A君因組織調整遭公司資遣，因為和父母同住，所以自然而然成為父母生病需照料時的主要照顧者，其實兄弟姊妹們很感謝他在父親生病住院時一直無怨無悔的守在醫院，後來父親出院了，雖然體力不如從前，也不太能走路，但還是擁有自理能力的，可是A君因為擔憂父親的病情變化，將關注力都放在父親身上，慢慢的失去了找工作的動力，但是他也清楚，自己不能沒有工作經濟來源，這樣矛盾的心情讓他感到非常煩惱，於是他來找我進行教練輔導。我試著讓他跳脫現狀去看看自己有什麼夢想和興趣，他很直覺地回答，他這輩子沒什麼夢想和興趣，工作只是為了賺錢，他認為自己是一個胸無大志的人。在我的觀察，A君是個很有家庭責任感的人，也非常孝順，這就是他的優點。是誰偷走了他的夢想呢？一般人夢想的五子登科(金子、妻子、孩子、房子、車子)他樣樣都沒有，他對我這麼回答。他自述著自己從年輕時就沒有所謂的工作企圖心，沒有特別想做的事，也不想學習什麼新技能，興趣就是偶爾和好友吃吃好吃的東西，或者能出國旅遊。這樣的他，並沒有什麼人生夢想要去追求，所以工作也就是圖個溫飽而已。和A君一樣想法的人佔絕大多數，我比較好奇的是，是什麼原因造就今天的他？是個性還是環境？抑或是歷經滄桑挫折後的一種自我放棄？詢問他，喜歡現在的自己嗎？想要改變嗎？他回答：非常不喜歡也對未來充滿恐懼不安，但想要改變，卻也無能為力。我從他眼底看到了非常渴望能改變現狀的心，卻老是提不起勁來去規劃和真正付諸行動。仔細探究他背後成長歷程，一直是乖乖牌的A君，保守及被動的人格特質，循序漸進、按部就班的發展模式，從來不去思考什麼才是自己真正想要的，也不願付出時間和金錢在培養自己的興趣和專長，日子就這樣一日復一日地過去了。現在的他，即將中年，沒了工作，只好將重心放在照顧父親身上，他也知道沒辦法一直這樣下去，但是照料父親起居，卻是他想到可以對家庭作出貢獻的方法。經過一段時間後，A君告訴我，在上次的教練對話過程中，他將千頭萬緒整理了一遍，於是發覺到，若能透過一個機會，可以將心中的想法說出來，就能夠幫助自己整理這些複雜的思緒，找到問題的癥結。或許你也正面臨不知所措的問題，無法靜下心來找出原因，尋找解套方法，這時候不妨找一些值得信賴的親友、長輩或是專業「人生教練」聊聊，可以協助自己以口述的方式，整理問題。透過書寫筆記的方式也不錯，將想到的事物，一一列點記下，再思考其中的關聯性，找出關鍵點，刪去此刻不重要的點，然後針對這些急迫性高的關鍵點尋求解決方法。

個體心理學派創始人阿爾弗雷德・阿德勒說過：「你的人生風格，決定你的困境。」每個人的一生都會遭遇到各種大大小小的問題與困境，然而，你如何看待這些問題和困境，都受到你對自己和社會的認知，以及個人生活風格的影響。因此，擁有什麼樣的人生風格，將成為左右個人成功的關鍵。但是，人是有能力可以決定自己想要成為什麼樣子，然後主動設定方向，向前邁進，朝向自己決定好的目標而行動的。就算沒有什麼夢想，單身的朋友們也應該提早思考離開職場後自己想做什麼、能做什麼，千萬不要找藉口讓過去的你，阻礙了未來的你。有一個朋友就很坦然的跟我分享，她這一生沒有什麼大志，在工作上也就是這麼忙忙碌碌的過下去了，雖然是單身沒有家累，但有高堂要照顧奉養，所以必須預想到離開職場的那一天，若沒有固定收入，在退休金不足又不擅投資理財的情況下，自己可以靠什麼來持續創造收入，於是她告訴我，下半場人生如果能到一個慈善公益團體服務，又能擁有些許的薪資收入來補貼生活支出，既可以滿足自己希望能對社會做出貢獻的心願，也能顧及經濟上的需要，這將是兩全其美的事。我很認同這位朋友的想法，很多人終其一生並沒有什麼一定要完成的夢想，但他們也很希望自己能對社會付出一點心力，成為有貢獻的人，但是絕大多數的公益團體因為經費有限，所提供的是多半是無給職或義工性質工作，少數有給薪的工作則是可遇而不可求，不過，至少這位朋友目標明確，等到真的必須離開職場的那一天來臨，她也比那些完全沒有想過下一步的人擁有更多的自信來迎接新生活。

另一個案例，不大一樣，在職場上工作很長一段時間甚至做到了高階主管的B君，因為薪水收入高所以一直過著隨心所欲，想買什麼就買什麼，不用太去計算成本價值的單身貴族生活。父母領有退休金，住在家裡的B君沒有房貸壓力，手邊也一直沒存什麼退休金。所以他毫無顧忌地在五十歲左右，選擇跟老闆說掰掰，要拿回自己的人生自主權。問他接下來有什麼打算呢？他回應因為從沒想過離開職場要做什麼，所以一時半刻也還想不出來，好在他平常有登山的興趣，索性當起背包客和三五好友遊遍百山，日子過得好不逍遙啊！旁人看來極羨慕，以為這麼年輕就不用工作了，想必是賺足了退休金，但是他的雙親卻是替他感到憂慮，因為知道他工作多年卻沒什麼積蓄，目前靠著父母退休金，多一雙筷子也無妨，但有一天父母總會離開的，到時候沒了固定退休金，他一個人要如何生活下去呢？不過，天性樂觀的B君，倒是很想的開，或許他相信到時候總有解決的辦法。這兩位朋友的際遇不同，然而都有一個共同的特性，他們平常不太花心思去預備未來，思考人生下半場該怎麼度過，沒有想要追尋的夢想，也不知該怎麼著手規畫下半場人生，只是憑著一股隨遇而安的心境，度過離開職場後的每一天。如果說追求夢想是一種冒險，我反倒覺得對人生毫無規畫，放任自己隨波逐流，不去正視可能的風險，這才是真正的冒險！

附註：名言

「當你真心渴望，整個宇宙都會聯合幫助你。」這句家喻戶曉的經典名言，出自《牧羊少年奇幻之旅》作者保羅．科爾賀（Paulo Coelho）之筆。

保羅對自己的靈魂傾訴：「保持靜默，留心各種徵兆。每一刻都是改變的契機。」

本章重點：

1. 夢想不必很大，他人的夢想不見得適合自己，端看你如何去定義它，並且逐一完成它。
2. 在有限的生命和體力下，讓自己能夠不後悔地度過這一生。
3. 夢想需要時間萌芽，更需要提早準備。
4. 夢想和終生志業不需要和他人比較，只有自己能確認並且賦予這個夢想特殊的使命。
5. 將心中的想法說出來或寫下來，就能夠幫助自己整理這些複雜的思緒，找到問題的癥結。
6. 擁有什麼樣的人生風格，將成為左右個人成功的關鍵。
7. 對人生毫無規畫，放任自己隨波逐流，不去正視可能的風險，這才是真正的冒險！
8. 當你真心渴望，整個宇宙都會聯合幫助你。
9. 千萬不要人云亦云，任何投資都是有風險的。

第四章　築夢踏實：我務實但我仍有夢

你是否不敢去追夢，甚至未曾好好思考自己真正想做的事是什麼，只是每天像個陀螺般地在工作、家庭間盲目地打轉呢？單身的資深上班族，少了家庭瑣事要操煩，這不代表不需要提早思考下一步，為邁入退休生涯作準備，更何況現今職場環境變遷快速，很多工作都即將被自動化和機器人所取代，偏偏退休年齡又不斷的往後延，若四十～五十歲之間不幸被職場強迫出場，卻仍屬壯年仍有許多經濟負擔，這時候真是令人欲哭無淚。然而這個年紀其實正是職場上經驗最豐富，理當可以貢獻最多的時候，為什麼仍看到許多人被迫中年失業呢？仔細推敲箇中原因，不難發現，企業在險惡環境下為求生存，無暇顧及照顧員工的責任，而是以績效最大化、成本最小化作考量，同樣的工作，年輕人成本低又可塑性高，不比資深上班族，有可能因為長期沉浸於職場不平現象，除了練就一般趨吉避凶的功夫之外，也常因其過往經驗而懷抱不同主見，於是對主管表面言聽計從，背地裡則氣得牙癢癢，工作既無法得到成就感，也不知下一步該何去何從，就這樣一天度過一天，身心靈都受到工作的禁錮。

仍在職場打拼的歲月，繁忙工作之餘，中午時段則是和同事們用餐喘息時間，也就在這個時段我得以有機會和許多辦公室資深同仁，聊聊他們對現在工作的想法和對未來的規劃。聽到這些資深同仁們的回饋，充滿對現在工作的無奈以及對於未來的徬徨，但有志一同的是，大家都知道目前的工作絕非長久之計，一定要好好想一下離開職場後的下一步。於是進一步詢問，你/妳有想好萬一有一天必須離開目前的工作崗位後要做什麼了嗎？得到的答案不出所料，大多是：每天很忙，沒時間想耶！能做多久算多久，先撐一下再說了。在我下定決心要告別職場的那一天，因為我在公司也待了八年多不算短的一段時間，平常看起來穩穩地卻突然提離職，遂嚇壞了我的那些好朋友們。有一位同事很驚訝的問我：「妳是怎麼做到的？怎麼敢做出貿然離職的決定？」我笑了笑回答：「之前我也思考很久，徬徨許久，一拖再拖遲遲不敢做出離職的決定。但是，當這一天來到時，你會有感覺的！會有一股吸力和推力，讓你可以勇敢在中年時做出這個決定。」同事不解的問：「我沒有這個感覺耶？」「那就是你還沒準備好，就繼續待著吧！」我笑著這樣回答他。為什麼我會說有一股吸力和推力讓我知道自己該離開職場的時候到了呢？這股吸力來自於我對自己第二職涯轉換準備已久，我知道自己離開職場後接下來該何去何從。然而，因為仍有正職工作，故不能夠全心投入第二職涯，當然看不到成功的曙光，但是又不想貿然離開職場，失去穩定經濟來源，所以才會有掙扎。另一位同事進一步好奇地詢問：你是怎麼知道自己已經準備好了呢？我想了想，回答道：這可不是匆促的決定，步入中年且家中還有老小的我，並不像那些勇敢的創業者，可以為了夢想放下一切，擁有壯士斷腕的氣魄，先做了再說！我可是先想清楚自己離開職場後要做什麼，也做了一些計畫，同時已儲備好一年左右的預備金，而最主要的原因是，當時所處的職場環境已無法再支撐我的夢想，甚至有可能成為阻礙。由於市場變化快速，組織為了追求高績效，也常任意調動員工職務，美其名是輪調以增加員工職能，背後隱藏著欲翻攪一池春水讓員工不得安逸度日的用意，也因此無法適才適所，妥善運用員工的專長。像這樣不問員工專長和志趣的任意調度和支援其他部門，其實只是把員工當成人力在使用，而非人才在培養，如何能夠留住好的人才？就是這股推力，讓我知道時候到了，如果這時候接受了轉調安排，就是在浪費彼此的時間，就算失去穩定薪水收入，我也該在這個轉折點，為自己而戰！心想如果這時候再不離開，只怕之後難度更高，因為體力慢慢下滑，圓夢的精力也被消磨殆盡了，如此將更加依賴組織，最終只能任由組織擺布。想到這裡，我以迅雷不及掩耳的速度，飛快地遞出了辭呈，趁著在公司還算是個人才時，還能自主做出決定時，就在這股推力和吸力下，終於做出了離職的決定，自我了結！

如果這是一條不可避免的路徑，是否在還沒有被公司強迫離開前，資深上班族們應該在每天繁忙的生活之餘撥出一點時間來妥善規劃離開職場後的人生下半場呢？四十～五十歲左右的上班族，大部分仍擔負家中經濟重責，因此若沒有豐厚的存款及資金支撐，並不建議直接創業，反而是需要在穩健中逐夢踏實，若能在還有正職收入時就開始思考規劃離開職場後的第二人生，雖然會因為時間緊湊而感到壓力和疲倦，但因為仍有工作收入不需要為錢煩惱的情況下，反而可以有機會多方涉獵，多作學習和嘗試，進而找到自己下半場人生的志業。

一邊工作一邊規劃第二人生的方式很多種，比較常見的做法有：

一邊正常上班，一邊兼職，從兼職工作中補貼收入，甚至將兼職發展成本業。

一邊工作，一邊學習新技能、進修證照或參與相關活動，來為第二事業做準備。

一邊工作，一邊週末創業。

在還沒有確認第二事業的方向時，個人覺得多方接觸一些兼職機會，從中摸索出自己的興趣並開始培養經驗值，是很不錯的方式。不過兼職機會千百種，還是要稍微過濾選擇一下跟自己興趣能力和第二職涯養成相關的，再努力爭取並持續投入，不但能賺取一些額外收入，也能賺到經驗。例如說，若離開職場後希望能自己開一間咖啡廳，做個小老闆安度下半人生，那麼除了學習專業技巧外，若有機會在上班之餘，可以利用假日去咖啡廳打工，或許在打工的同時，你可能會發覺其實自己並沒有那麼喜歡在咖啡廳工作，也有可能發現，在深入了解這個行業後，看到了工作各個層面，確認自己真的想成為獨立咖啡廳的老闆，或許存夠了資本，就可以提早圓夢！

如果你喜歡寫寫東西，也可以上網路尋找兼職文案工作試試手感，一開始多半不會有人願意給一個新手機會，因為很多文案工作都要求有作品、具經驗的。我的探索方式則是多方尋找並主動投遞有興趣的文案工作內容，盡量把自己的優勢凸顯出來，只要一個機會上門了，並且確實也提供了對方滿意的作品和服務，第二個機會也就容易多了，因為你可以把第一家廠商的成功案例，提供給第二家廠商看，如果第二家廠商也同樣欣賞你的作品，自然就能有成交的機會。分享一下個人經驗，我的專長在於課程設計及簡報呈現，於是思考著，是否有機會拓展至廣告文案的領域，如此一來，既可以發掘第二專長，又能夠多一點業外收入。接著開始一邊在從事正職本業之餘，一邊尋找相關機會，不過也會稍微挑選一下符合自己興趣和能力的，例如教育產業就是我有興趣且也比較能夠切入的方向。剛開始的時候，歷經半年以上主動投遞至需求廠商都乏人問津，但是我並沒有放棄，只要一有空就會將自己的專長背景調整成適合對方需求的履歷，再主動出擊有興趣的文案項目，終於半年後一個機會來了，是一家教育產業需求撰寫課程介紹的案子，爭取到與業主見面機會後，只要能展現專業並且不太計較初期收入，秉持著願意協助廠商的精神，多半能爭取到試寫的機會。對於我來說，因為仍有固定正職收入，因此第二份兼職收入只要不過於被壓低價格，在合理的範圍內，我很樂意提供服務，一方面也是累積自己實力的方法。隨後再將第一家寫的不錯的文案案例，提供給其他同樣教育產業的廠商，若獲得青睞，自然就能接到第二個案子了。這說起來容易，其實，執行過程中會遇到的困難就在於如何妥善調配正職和兼職的時間，以及真正適合的機會難尋找。很多時候只是過眼的案子，不見得你拿得到，另外就是單筆案子多半收入也不高，若是把它當作是在增加一些經驗的同時仍能獲取收入的方法，這樣子做起來也比較會產生動力呢！也有不少人因為兼職累積案源已足夠應付開銷，便勇敢辭去正職工作，展開接案人生，過著自己可以安排每一天的生活，好不愜意啊！因此，在下一步仍混沌不明的階段，訂定幾個符合自己人生興趣及價值觀的目標之後，找出行動方向，然後開始嘗試，不失為穩健築夢的方法。一旦鎖定目標後，就要勇於踏出第一步，然後則是堅持下去，不輕易放棄。在漫長等待的過程當中，難免有遲疑或煎熬，這時候就要再次檢視目前的方向是否仍然與內心深處非常渴望達成的目標一致，以及自己願意投入多少時間和成本去達成這個目標。就這樣多元嘗試，再修正微調方向，持續努力下去，一段時間之後，終究會有一道曙光露出。雖然也有可能與你原本設定的成果略有不同，但這些小小的成果，將會讓你更確認這個方向是正確的，因而更有勇氣朝著終極目標前進。不要擔心過程中變換方向是錯的，這個階段的我們，應該擁有成熟的思考模式去判斷目前的方向是否正確及值得，不輕言放棄、也不盲目投入。

對於這個階段年齡層的朋友來說，時間是最重要的資產，不但有工作，還有家事、長輩及孩子要照顧，另外，職場上的黃金時期也正慢慢流逝當中，過了五十還能勇於突破自我、開創事業的人實在少之又少，因此四十～五十這個階段，務必要將時間花在刀口上，除了一定要固守好的家庭和父母照顧，子女教養的時間外，正職當然要盡心盡力的維持一定的品質，但是莫忘每天仍需撥出一點時間來規劃第二生涯，才能坦然無懼的面對未來任何的改變。一些朋友們，已在職場打滾這麼多年，經歷過風風雨雨，卻到中年時期，仍然過不了職場魔咒這一關，於是在心中吶喊著：「為什麼我為公司付出這麼多，每天加班到深夜，換來的卻是績效不如後輩？」願意忍耐的人，就每天罵老闆、罵公司，然後繼續上著無聊的班、抱怨著無奈的人生；若是無法忍受公司制度的不公、老闆的無理、無盡的加班以及沒有光明前途的人，選擇壯士斷腕，一去不復返，殊不知等在其後的茫然及經濟重擔，可能將我們推向另一個深淵……因此，這個階段的我們，怎麼能不提前預作準備呢？當浪潮退去，才知道誰是裸泳！還是要呼籲一下，在這個工作變遷迅速的時代，仍保有一份正職工作的人，將是幸運的，這也代表著你仍然對於公司是有價值的，但是這樣的光景將不再足以仰賴，足可託付我們的下半場人生，只能說是稍縱即逝。因此，如何在仍擁有正職時，好好培養持續工作的實力，並且妥善規劃下半場人生夢想、職涯藍圖，絕對是這個階段年齡的朋友們刻不容緩的事！市場上有不少教大家如何成為多工多職人的書籍(附註)，大家可以參考看看。

例如，很多職業球員在職涯高峰時體認到職業球員的職涯生命短暫，因此紛紛在球場巔峰之際不斷往外尋求第二甚至第三興趣，持續學習並拓展其他領域的職涯。ＮＢＡ勇士隊前鋒杜蘭特，連獲兩屆總冠軍ＭＶＰ，拿下Ｎｉｋｅ十年合約，同時也經營自己的媒體內容公司，並投資三十五家新創公司包括科技業及送餐平台、連鎖快餐店等服務業。他提到自己的成功祕訣是，從自己喜愛的事著手，然後勇於追夢，別管他人眼光。

這正與剛剛所提到，在接近中年年齡層的職場人即需要開始規劃並思考經營生涯轉換路線的想法不謀而合。在個人目前工作當中，如何每天撥出一點時間來思考規劃、學習第二或第三興趣及專長，甚至踏出實踐的步伐，這也是刻不容緩的事。記住，不論你現在正處於什麼年紀或正在從事什麼工作，第二人生開啟永遠不嫌晚，也別害怕失敗，因為都已經到四十不惑的階段了，只有自己可以決定並且評斷自己的人生。當然，你也可以選擇不要這麼辛苦，船到橋頭自然直，等到沒工作了再說吧！這也是一種選擇，端看你如何看待自己的選擇：是欣然接受一切，還是會後悔當時沒開始～

附註：

介紹二本書：《雙重職業》、《斜槓青年》

「斜槓青年」是一個新概念，來源於英文「Slash」，其概念出自《紐約時報》專欄作家麥瑞克・阿爾伯撰寫的書籍《雙重職業》。她說，越來越多的年輕人不再滿足「專一職業」的生活方式，而是選擇能夠擁有多重職業和身份的多元生活。

斜／槓／青／年——Slash是一種生活態度！

節錄書中介紹：

共享經濟時代，越來越多人不再滿足於單一職業和身分的束縛，

開始選擇一種能夠利用自身專業和才藝，經營多重身分的多職人生。

這些人都擁有一個共同的名字：斜槓青年／Slash。

對於一個斜槓青年最重要的是：

不是身兼很多種賺錢的方式，而是擁有許多真正熱愛的事物。

透過不同管道，讓你的才華和機會展開！

本章重點：

1. 穩健築夢的步驟 ：
    1.1 訂定幾個符合自己人生興趣及價值觀的目標之後，找出行動方向，然後開始嘗試。
    1.2 鎖定目標後，就要勇於踏出第一步，然後則是堅持下去，不輕易放棄。
    1.3 過程中不斷檢視目前的方向是否仍然與內心深處非常渴望達成的目標一致。
    1.4 思考自己願意投入多少時間和成本去達成這個目標。
2. 不輕言放棄、也不盲目投入。
3. 一定要將時間和金錢花在刀口上。
4. 在個人目前工作當中，每天撥出一點時間來思考規劃、學習第二或第三興趣及專長。
5. 從自己喜愛的事著手，然後勇於追夢，別管他人眼光。
6. 第二人生開啟永遠不嫌晚。

第五章　解決中年職涯危機的錦囊妙方

四十而不惑，這句話代表的是對於世界上所有人事物都有一定的定見而不再感到疑惑。然而，隨著世界變化日新月異，我們對於未來能夠掌控的部分也越來越少，不確定的未來，對於下半場職涯發展感到無助與徬徨，尚有年邁父母及年幼子女需照顧，日子千篇一律，很難讓人不感到疑惑，這時不免心中犯嘀咕：我的下半場人生會變成什麼樣子？工作上隨時可能面

臨被取代或裁員，以這樣的年齡也很難再找到好工作，但孩子還小，父母的孝親費仍要按時提供，還有每月需繳的房貸、帳單等，實在沒有餘力再去規劃、想像自己的下半場人生該怎麼過，只能走一步算一步……

這時候身心都感到疲憊，體力也慢慢下滑，憂鬱的心悄悄上身。

看到身邊不少朋友正面臨相同情況，自己也感同身受，因為這樣的無助與徬徨，我大概從三十七、三十八歲就感受到了，因此提前做了心理準備，雖然沒有立即地找到解方，但靠著研讀許多相關書籍、學習「教練」思維以及靠著信仰來琢磨自己擁有正面思考模式，進而幫助自己能從一片混沌不明的職場前途與人生目標中理出一些頭緒，之後方能以不卑不亢的態度與順勢而為的精神，朝向自己的目標前進。釐清目標的過程中，存在很多的困難和阻礙，但是我後來發現，這些困難和阻礙大多是來自於自己。因為一直待在大公司的我，習慣於公司的豢養，也需要這份還算優渥的薪水來支付家庭支出，一樣身處於上有高堂需奉養、下有幼子需扶養的三明治處境，也有著不低的房貸和帳單要支付，但是在我心中一直沒忘記要盡量挪出一些時間和金錢，培養自己的實力，預先為下半場職涯作準備，然而這樣的過程實在很煎熬，需要強大的意志力和自我鼓勵。因為在職場上已不再有激情和突破性的發展，只能盡己本分地做好該做的工作。雖然現有職場中的自己，無法有任何可以想像的美好未來，但是相信自己的能力不只有這樣，只是礙於體制和環境，無法朝目標前進，所以必須在工作之餘不斷加強自身能力，尋求其他可能性，以緩慢漸進的速度朝著夢想中的自己前進。過程中難免遇到失望與挫折，有時候也會想著何必要這麼累，不如就這樣庸庸碌碌地過一生。倒不是渴望擁有不平凡璀璨的人生，只是希望能實現曾有的夢想，然後到退休時都能做著自己喜歡的事，不需要再為了五斗米折腰，這才是努力的動機。每當挫折和焦慮出現的時候，自我教練式對話就很有幫助了，讓我能隨時調整，充電再出發。

每個人都可以成為自己的人生教練，所謂「教練coaching」是指，站在協助的角色和立場、激勵人心、找到其天賦和終極目標並使其擁有能持續前進的動力。在職場多年，經歷許多次的績效面談，發覺現在的企業主管普遍仍是以指導員工及檢討員工缺失不足、訂立目標與改善方向為主，談完之後帶給員工的往往是挫折感及無所適從。一位優秀的領導者應該像教練一般，能夠傾聽並主動觀察發掘員工長處，同時給予適才適所的發展。然而一般企業的實際狀況是，一個蘿蔔一個坑，企業在找的是適合這個坑的蘿蔔，不適合的必須自己想辦法找到適應點。沒辦法把自己塞進這個坑的，很抱歉這是你的問題。於是我在思考著，如果企業主管都是教練型領導者，或許中高齡員工不再是企業的包袱，而是能發揮各自專業長才，持續為公司帶來正面意義的高績效員工。然而這樣的夢幻主管是可遇不可求，所以還是要先從自身做起，成為自己的人生教練，用教練式領導思維來規劃自己的職涯及人生目標，激勵自己朝向目標邁進。

本節重點：

1.培養正面思考模式，以不卑不亢的態度與順勢而為的精神，朝向自己的目標前進。

2.困難和阻礙，大多是來自於自己。

3.到退休時，都能做著自己喜歡的事，是件很棒的事 ！

4.每個人都可以成為自己的人生教練，用教練式領導思維來規劃自己的職涯及人生目標，激勵自己朝向目標邁進。

5.一位優秀的領導者應該像教練一般，能夠傾聽並主動觀察發掘員工長處，同時給予適才適所的發展。

6.學習以自我教練對話方式來重塑消極觀點。

當你覺得挫折或焦慮時，可以自我教練方式來重塑消極觀點。

自我教練對話練習：

1. 有好有壞是生活的一部分，我會多看好的部分。
2. 每天都有各種機會等著我，即使是最壞的情況，也充滿學習和成長的機會。
3. 我的過去並不代表現在和未來，而我的想法決定我的未來。

學習思考各種負面觀點背後的來源，了解到每個人都有不同的觀點，而觀點並不代表事實，

當我們接收到負面的觀點時，可以學習像小孩子一樣好奇地問自己：

1. 為什麼這件事讓我感到挫折或焦慮？
2. 別人的觀點或我的觀點是正確的嗎？
3. 有沒有第三種觀點？

以下整理並分享一下，個人如何擁有自在身心、持續自我充電、朝向目標及夢想生活前進之道：

1. 常常靜下心來整理思緒，擁有清晰腦袋，以便正確判斷人事物。

面對生活上各種壓力源和隨時可能爆發的突發狀況，我們很難讓自己置身事外，結果就常常一頭栽進各種壓力事件當中，無法自拔，甚至有的人會因為某些突發事件，開始怨天尤人，自顧自憐，鬱鬱寡歡。很多中年引發的身心疾病如憂鬱症，就在這時候悄悄發生，若沒有自覺，反而不斷陷入，很容易就將自己推入一個深淵，失去了再站起來的能力。不可避免地，平凡如我也好幾次陷入這樣的憂鬱和負面情節。當我發現這樣的邏輯和可能的情緒發展路徑之後，就開始思考著如何因應及避免之道，在整理一些他人的經驗、自我摸索以及自我教練對話後，理出一個想法來自處以及保持獨立性：

萬物皆空，唯心所致，世間各種想法都出自於人心的想像，如果建立在這種妄想上，會發現最後一切都將成空。每個人、事、物代表的都是一個過程和經歷，不管好或壞，總是會有過去的一天。重要的是，如何累積每一個對自己有意義的事件，然後持續向前邁進。

承認自己是會有情緒的，因此也能理解他人同樣會有情緒化的時候。當壓力或誤解產生時，情緒就悄然升起，一觸即發。暫時離開現場是一個不錯的方法，事緩則圓，在沒有造成傷害或做出錯誤決定時，任何問題都有解決的方法。年輕時候，想的是如何贏，如何證明對錯，現在想的是，你有你的堅持，我有我的想法，既然不能決定對錯，在不違背我的基本原則下，是否可以找到折衷之路，讓對方也覺得沒輸太多？因此，折衷之路是需要透過冷靜後思考才能產生，當下的反應往往不是最好的選擇。時時提醒自己，不要逞一時口舌之快，靜下心來整理思緒，才能保持頭腦清醒，正確的做出判斷，找到可能的折衷之路或最佳解決方案。

2. 感到累了就休息，找出適合自己的休息方式，擁有恢復以及再出發的能力。

這個階段的朋友們，在職場上仍要戰戰兢兢的，因為公司對你的要求變高了（雖然薪水不見得提高），主管也因為你是資深人員，對你犯錯容忍度降低，然而在工作及家庭必須兼顧下往往感到身心俱疲，尤其是對自我要求高的朋友們，在壓力和繁忙事務纏身下，不但身體健康拉警報，心靈也受到桎梏，甚至憂鬱症悄悄上身也不自覺。

美國知名主廚、主持人安東尼波登（Anthony Bourdain）在二零一八年六月八日無預警自殺死亡，享年六十一歲，令人嘩然！昨天還在螢幕上活靈活現，對生命充滿熱忱的電視名人，如今突然驟逝，留下無限遺憾。其友人透露，他忙碌的工作行程促使憂鬱症發作。波登的前女友，作家弗勒利希（Paula Froelich）在網路上分享關於憂鬱症的敘述，「你可能超級有錢、超級成功，但還是非常孤單。『你什麼都不是，只是個冒牌貨』的聲音會一直在腦海中……」於是前女友心碎告白：就算超有錢、超成功，他還是非常孤單。如果工作已經到了一個讓你全身緊繃，甚至不能呼吸、思考的境地，實在是該有所覺醒，停下來深呼吸一下，並且反思：這工作真的值得讓我犧牲生活品質，健康、家人、甚至生命嗎？還有什麼是更值得我去追求的？

我的一位朋友工作表現績優，但老闆是一位沒有說話藝術的人，常常會不經意或刻意的語帶刻薄和尖銳。朋友問我，每天忙碌工作，並不期待得到老闆一句讚賞，但也沒有力氣再面對和處理老闆的酸話，好想離職，該怎麼處理呢？我先嘗試以自身的經驗回答他：「這時候我通常會想辦法先同意老闆的話，然後儘快結束對話，回到位子安靜的做著事，若能安排會議，離開老闆視線更好，緩衝一下彼此情緒，然後可以的話，告訴自己，老闆只是嘴壞，不懂得溝通技巧，並不是真的對我有所不滿。此外，若那一天情緒不佳影響工作動力，但又不得不上班，那麼就允許自己以最低能量處理工作，以低限度精力把手邊的事一件一件完成即可。」後來那位朋友告訴我，這個方法還不錯，至少他把複雜混亂的思緒先擺一邊，專心的做了一兩件事，心情比較平復後，才有力氣再面對其他的工作。

身體上的疲累，可以透過休息來恢復體力，然而心理上的疲累，卻往往不易復原。但可以確定的是，身體若過度勞累，心理健康也會受到影響。所以，讓身體適度的休息，可以保有清晰的腦袋和樂觀的精神。有些個性認真的人，由於在工作上的責任感和完美主義，長期處於緊繃的狀態，這樣的壓力下所造成的身體不適，無法透過休息來復原，唯有暫時抽離這個環境或事件，才能讓自己看到新的視野，擁有不同的觀點。

因此，不管為了什麼原因、什麼理由，仍須在職場上繼續奮鬥的朋友們，請常常關注自己的身體是否有不適情形，若感到一絲疲累，就允許自己休息一下，千萬不要過於勉強，同時可以找到幾個適合自己紓壓放鬆的方式，時常自我鼓勵、自我對話，正面思考，唯有這樣，路才能走得長走得遠~

3. 除去不必要的人、事、物干擾，培養專注於目標的能力。

有一本書叫做《斷、捨、離》，主要是提到日常生活中有很多不必要的物品，建議大家「藉由捨棄、整理物品，將心中的無用之物也整理得乾淨俐落，是可以讓人生變得愉快的方法。」步入中年之後，我也將這想法奉為圭臬，在某些特殊時刻，提醒自己以「斷、捨、離」這個思維思考，來去除不必要的煩惱。這邊舉出一些我曾經運用「斷捨離」思維，讓自己擺脫煩惱重新往前走的案例，供大家參考：

一、四十歲以前，我也曾為著升遷這檔事，忿忿不平，自怨自艾的煩惱過，後來發現，在大公司裡，不是只要有能力就會有出頭天，很多時候跟環境和機運息息相關。為什麼我會有這樣的覺悟？我也曾希望能力被看見，然後主管自然會提報升遷，可惜那時我所進行的業務整個被組織裁撤，我過去的績效不被新老闆認同，又被調到新單位新職務，因此必須重頭開始。過去的經驗值和績效能力無法累積在新的職務上，當然就與升遷無緣。雖然我在公司已有一定的資歷，也很熟悉組織運作，因此工作起來相較於其他人較有效率，也算是有能力的資深員工，但是終究無法擺脫環境和組織的限制。於是，有了這樣的體悟，我開始不以升遷為成就來源和工作目的，而是以自己是否能有效處理好本身工作之外，行有餘力再關注周遭同事是否工作順利，同時盡力營造上班時愉快的氛圍。因為對透過「升遷」來自我肯定的想法進行了「斷、捨、離」，讓我有多餘精力關注在別的目標，而我也因此贏得了許多同事友誼，也因為學習過「教練」技巧，偶爾會和同事們進行個別教練會談，協助他們度過工作中的難關，很高興有些同事，因此獲得新的想法，勇於踏出下一步或是能找到工作中持續的動力。

因此這份工作對我來說，不再以升遷發展為目的，而是以自己是否工作愉快、是否能持續為公司帶來貢獻、營造友善工作環境為目標，當然也同時感謝公司付給我的穩定薪資。有了這樣的想法，心情突然開闊了，更有多餘的時間和精力去思考培養其他面向的興趣和專長。

二、因為不再為想要被公司認同，獲得升遷而煩惱，我開始轉移精力尋找自己的天賦，這並不是指原本的工作崗位可以隨便做，而是懂得認同自我價值，不再需要靠外在頭銜或主管肯定才能找到自己工作的成就感。這段尋找自我價值的過程，對我來說是個自我成長和開發潛能的過程。因為在原本任職的外商公司中，接觸到外國總公司的教練，因此我開始對這方面產生了興趣，著手研究國內國外的教練市場。當時的工作也跟企業內部教練有關，於是我決定一邊學習教練專業知識，一邊運用在本身工作上。那段時間，我在原本工作之餘，找到了其他的工作動力來源，以及獲得來自於被我服務的教練對象肯定的成就感。

後來，經過幾年的鑽研教練專業，我也不例外的以拿到國際教練專業證照為目標。這過程現在回想起來是辛苦的，也是充滿省思的過程。目前國際的教練市場，主要有幾家教練培訓認證機構在主導，而台灣以ICFT(國際教練聯盟台灣總會)為主要教練機構，另有少數培訓教練並協助取得證照的公司。因為教練市場在台灣雖有一段啟蒙時間，但仍非市場主流，因此很多人都不清楚教練能為他們帶來什麼樣的協助。學習教練的學費是昂貴的，考證的過程由各家教練培訓所各自表述，並非人人都能順利取得證照。然而，真的費盡千辛萬苦取得專業教練證照後，能實際運用教練能力、發揮教練專業的人少之又少，甚為可惜。因此，後來當我取得教練證照後，醒悟到唯有能真正內化教練思維並將所學運用出來，才是有意義的學習，不然，也只能當作一時興趣，學完即結束，擁有再多高級的證照並沒有辦法為我們的生活帶來任何改變。於是，我不再煩惱著是否要把獲取更多更高級的教練證照當作目標，而是以我是否能為我的教練對象帶來有效的協助作為肯定自己學習成果的方針。這樣的想法，讓我可以挪出多餘的時間做更多有意義的事了，畢竟追逐考取各種證照是耗時耗力且所費不貲的事，在我們這個年齡，真的要好好思考如何把時間和金錢花在刀口上，亦即是真正自己所需且能帶來實質效益的事上。如果目標明確，則在時間金錢的許可下，以拿取證照為目標也是一種督促自我學習的方法。我認識一位中年資深上班族，他的下半場職業目標即是成為一位教授廚藝的老師，於是他一邊持續上班，一邊利用週末，孜孜不倦的練習著各種廚藝，目標是考取各種中式西式廚師證照，至今已有數年之久了。期間當然不乏考試失敗的經驗，但因著強烈的興趣和目標導向，他並沒有放棄這條路，仍未停止持續進修並考取證照的專業廚師夢想，我非常佩服他的毅力，也衷心期待他會成功！

對我來說，對「升遷之路」以及對於盲目考取「證照」的「斷、捨、離」促使我有更多的餘力去找到對自己真正重要的事，然後將時間金錢投入在有效益的事上。至於「有效益的事」因人而異，端看個人如何拿捏。

4. 找出自己願意付出、覺得值得投入的幾個領域，放膽去試。

在尋找第二生涯的過程中，我們可能因為每天例行忙碌的生活而沒有了思考的空間，又或者因為接觸的領域僅侷限在目前的工作範圍，因此無從得知其他領域相關訊息，也不願或不敢探出頭來看看其他的可能性。

其實，人會習慣於目前的工作方式和生活方式，安於現狀，這都是無可厚非的。在中年轉換職涯的過程中，我也常常出現矛盾的想法，兩邊不斷拉扯中：一邊是應該放手去創業，心想繼續這樣下去，將會做到一個死胡同，讓自己成為中年失業一族；但另一邊又告訴自己，目前的我，需要現在的穩定工作和一份收入來支撐家庭所需，若貿然離職創業，風險不小。於是，兩邊的拉扯聲音中，我也沒有閒下來，仍不斷尋找其他可能的機會，學習新的東西，嘗試新的領域。學習教練就是我在這段時間摸索出來，既可以延伸目前工作，又是我有興趣的領域。當然我也學過電腦設計、咖啡調製等，不過並沒有往下發展，因為發覺做某些事仍是需要靠一點天分的，呵呵！

所以找到自己可以發揮的第二專長，再有計畫有目標的學習下去，將是成功轉換第二生涯的不二法門！這摸索的過程可能長達數年，會有一點讓人感到焦躁和不安，但這些都是好的現象，因為每一個焦躁不安，都可能帶來一些改變和行動，督促著我們朝向更美好的未來，這總比什麼也不去想，什麼也不去做，把自己放在一個真空的狀態，然後期待可以永遠維持現狀來的務實吧！

尋找第二生涯的過程其實就是在尋找自己內心沉睡已久的渴望及天賦，雖說找到天賦這個命題，其實是從年輕時就被社會灌輸要做的課題，但是絕大多數的我們，並沒有真正幸運到能夠在年輕時就找到天賦所在的工作，然後始終如一，並且做出一番成績。大部分的人都是靠著在工作中不斷摸索，才逐漸瞭解自己的才能所在。在一生當中，我們也許常常期待父母、老師甚至主管、老闆可以協助我們發掘天賦，並且運用天賦以發揮所長，然而實際人生卻不總是能順人心意的。在既有教育體制下，我們必須學習體制內規範的各項科目，以符合考試需要，無法因為你只擅長某些科目，就可以偏廢不擅長的科目。在職場中，要找到一位優秀的領導者，能夠發掘你的優點與長項並且給予機會發展，真的是可遇不可求，我只能說完全是看機運。你是否曾經穿著不合腳的鞋，然後必須硬撐著走完既定的行程？如果你很擅長跳舞，擁有一雙能跳出很棒舞蹈的舞鞋，卻被安排到了一個只要求穿上跑鞋短跑的地方，然而主管並不會主動發掘你的舞藝，他可能會希望你能改進跑步的速度，好能跟的上團隊的進度。這時候，誰能夠幫助我們呢？每一個人都應該是自己的領導者，只有自己能清楚知道自己是誰，瞭解自己的能力在哪裡、天賦在哪裡，所以在尋夢的過程當中，無可避免地可能會遭遇外在負面評語或經歷一些挫折，在傷心難過之餘，請告訴自己：無所謂！因為只有「我」才可以決定自己的成敗。每一個人看到的都是片面的自己，包括自己也可能看到的不是完整的自己，所以不能單憑一個面向來評斷一個人。這時候可以透過自我教練的方法來釐清問題，融合各種想法，找到一個更接近的自我。

透過自我教練以尋找下半場人生職涯的對話：

a.在過去經驗中，有什麼工作是我做起來很得心應手的？

（請列出越多越好，例如：業務開發、溝通、行銷規劃、簡報技巧等）

b.有什麼工作內容是我很有興趣，雖然還不太擅長？

（請列出越多越好，例如：創業經營、寫作、教書、網拍等）

c.找出a&b可以相輔相成的地方

試著列出幾個方向並且依自己喜愛的程度排序，

例如：

1.好的業務開發及溝通能力有助於創業經營

2.良好的簡報技巧能有效運用在教學

3.行銷規劃能力和溝通技巧有助成為獨立網拍商

d.試著同時間開啟嘗試上述c點所列出的前二個方向，先專注投入一段時間，看看哪一項可以產生火花。同時，也不要錯過其他項目可能的機會，畢竟仍在嘗試和除錯階段，沒人能保證哪一個項目可以闖出成果，試了一陣子後可能會有新的發現，唯一可以確認的是，只要是自己能力所及且也有興趣的項目，通常人們都願意投入較多的時間和資源在這上面，即便短期內看不到成果，仍然不會輕言放棄。因此，隨時讓自己保持彈性和應變能力，是能夠支撐自己朝著興趣發展第二生涯的重點。

5. 物質簡單就好，不迷失在金錢誘惑中，保持輕裝前進。

由於步入中年後，大部分人的職涯即將面臨中斷或必須轉型，收入變少但開銷卻不見減少，這樣的狀況往往壓得人喘不過氣來，尤其若仍負有家庭重擔以及父母高堂需奉養和孩子的教育費用需準備，這時候需要盤點一下家庭開銷及個人消費模式，重新調整後再出發。在這邊特別要提出的是，或許大家都知道物質生活應該越簡單越好，但是過去的消費習慣一旦養成了，便很難更改。看到身邊一些同事或朋友，會想要開名車、買名牌，常出國遊玩或安排吃飯店大餐，這樣的消費模式，或許在仍有穩定工作收入的時候可以偶爾為之，作為特殊節日慶祝或是辛苦工作後的犒賞，這其實也無妨。但是，往往看到的案例是，高消費習慣已然養成，即便知道自己的存款不多，或者工作即將不保，仍然無法克制高消費欲望而放任自己恣意妄為，沒有預想到後果的人，之後便要為了過去一時的貪圖享受，到中年過後仍需繼續過著勉強自己為五斗米折腰的人生。有一位在工作崗位多年的資深上班族，身為家中經濟主要來源，結婚時剛買了新房，新生兒出生了就立即買了一台休旅車，方便嬰兒車運送。看似平凡的消費舉動，但他沒料到一直以來穩定的工作會突然起了變化。由於和公司的直屬主管，相處不快，因此他決定請育嬰假二個月，想看看二個月過後回來公司，有沒有機會可以轉調其它單位，避開這位主管。很快地，兩個月過去了，他必須回到公司報到，但無奈其它工作並無出缺，他也只好摸著頭無奈回到原單位，想當然爾，當時和主管之間的不愉快，並不會因為兩個月的育嬰假而有所改變，原單位主管的安排是，原來的職位已經遞補了新人，若他想回原單位，目前有空缺的位子是，成為和他同職等但是昔日死對頭同事的部屬，也就是說他必須report給一位昔日的競爭隊友！於是，他又急忙申請延長了一個月的育嬰假，希望給自己一點時間緩衝，並且另尋新機會。很快的一個月又過去了，新職位沒有著落，但因為家庭的經濟吃緊，他只好硬著頭皮回到原單位，選擇與當時的敵人共舞，然後鬱鬱寡歡的做著他不喜歡的工作。身邊的友人莫不替他感到惋惜，原本在業務單位還算意氣風發的人，現在必須窩在非自己專長的單位，做著簡單且重複的內勤工作。這是典型職場寫照，重點是我們是否讓自己成為一個有選擇的人，而不需被迫做出選擇。如果在育嬰假期間，這位朋友能早一點有所預備，無論是開始尋覓更適合的新工作，或是好好思考一下若仍必須回到原工作崗位，自己是否已經調整好心態，願意與主管重修關係，又或者是可以和妻子商量一下如何重新安排家中經濟規劃，以便讓自己能更從容地有所選擇。但現實是，他每天被新出生的孩子搞得人仰馬翻，完全沒有多餘的心思去妥善安排後路，育嬰假期過了，為了支付日常開銷，平時也沒什麼存款，所以只好硬著頭皮回去原單位，勉強接受任何安排，這就是沒有選擇下的後果。

隨著政府財政緊縮，國民年金及退休金制度改革勢在必行。軍公教退休金改革及優惠定存刪減首當其衝，原本仰賴十八％退休金優惠定存過日子的人紛紛感到不能接受，同時對於退休生活非常徬徨無助。其實非軍公教人員，早就已經認知到自己的退休金必須自己賺，只是在每天無窮的慾望以及必須的帳單支出下，要及早挪出一些存款作退休金規畫就變得相當挑戰。於是，大多數的人，選擇過一天算一天的日子，甚至及時行樂的做法。有句話叫我們必須要

「活在當下，及時行樂」，大家是怎麼解讀這句話的含意呢？活在當下原意為釋迦牟尼：「不悲過去，非貪未來，心繫當下，由此安詳。」道出了人生幸福的真諦：一切隨緣，活在當下。那麼及時行樂又從何解釋呢？對於悲觀的人來說，生命苦短，應該把握住每一個當下盡情享受人生，因此選擇做讓自己快樂的事，才不虛此生；然而，對於正面積極的人來說，活在當下是指盡心盡力過好每一天，不要被過去所侷限，也不要太擔憂未來，因為每一天的充實生活都是為了更美好的明天所作的準備。一樣都是活在當下，作法不同造就結果不同。

當然，也不乏積極面對並預備未來的朋友，但是仍然感嘆知易行難。原因在於賺錢的速度追不上花費速度。不例外的，在這個階段的我，也和絕大多數中年上班族一樣有著許多固定花費支出，例如房貸、保險費、子女教育費及父母孝親費、日常開銷及旅遊費等。所以分享一下個人的做法，則是以價值花費法來評估有限的資源該放在那些項目。價值花費的思考原則是參考巴菲特的價值投資法，在每一筆支出尤其是重大支出前，先評估一下這筆消費是否花得有其價值，當然價值的定義是由個人來評斷。一場聚餐活動如果是有其連絡家人及朋友間情感的意義，當然要赴約，但若是單純為了朋友的邀約，就想也不想地一律赴約，或者只是去充當付餐費的分母，這樣的聚會就不符合我心目中有價值的消費。另外，培養孩子的教育費也適用價值花費法，每一個學習機會如果對於孩子長期興趣發展或能力的養成是有幫助的，同時也是孩子願意投注心力學習的項目，那麼這種學習費用會被優先放入花費的選項，當然也就會減少或遞延其他項目的花費支出。正因為資源是有限的，所以並不會隨便參加或報名任何自費活動，而是須先行評估這樣的學習花費是否具意義，以及對於孩子多方面接觸和長期發展上是否有幫助，再投入對等的時間和金錢。對我來說，時間就像金錢一樣重要，必須妥善分配和投入在必要的地方，面對不必要的人事物和應酬場合，寧可選擇在家休息，多一點自己的安靜時光，也不要浪費一絲時間去投入。

另外一件在這段時間很重要的事，則是需提早預想並規劃下半場人生該怎麼度過以及儲備退休金來源。步入中年之後，若沒有在職場上達到一定水平的職位和薪資，也不是成功自行創業的老闆，這時候可以預想到的就是，工作將越來越難找，薪水是越找越少，因應這樣的轉變，生活方式和心態的調整將非常重要，物質簡單就好，不要眷戀過去高消費生活模式，惟有保持輕裝，才能除卻經濟煩惱從容地過日子。這邊想要特別分享一個案例，有很多人努力了大半輩子存了一點兒老本，因為擔心沒有持續賺取收入的能力會把老本吃光，於是開始動腦筋想把老本變大，這個想法沒什麼錯，確實透過一些有效理財方法，才能避免坐吃山空的窘境，然而人性是貪婪的，在面對一些外在的投資陷阱和誘惑，就算是學經歷豐富、見過大風大浪的人，也難逃魔鬼的誘惑。

有一位長者，相當德高望重，也是經歷過許多大風大浪的人，特別是他過去有成功買賣數間房子的經驗，讓他對於自己的投資眼光深具信心，未料在步入退休這年，才爆發了他過去多年來被不肖靈骨塔位及骨灰罐仲介業者詐騙近上千萬的事件，在事件曝光後，家人一度非常不能諒解，不能接受的是，原本在社會新聞上才看的到的詐騙案件，怎麼會發生在自己家中，更百般不解的是，原本聰明睿智的長輩，怎麼會輕易相信這些騙徒的詐術，瞞著家人於六年期間不斷支付費用給數十間，接二連三、輪番上陣的詐騙仲介公司？

在六年間沒有收到一毛錢報酬的情況之下，長輩仍然被成功洗腦，深信不疑所拿到的骨灰塔權狀及骨灰罐證書都是有價值且可以高價轉賣，只差在沒有找到適合的買家而已。如果懂得價值投資法，這位長者應該在第一家仲介欺騙他後，自評一下這個投資是否正確，至少要能有部分收益入袋，再考慮是否持續投入。回顧這段歷程，老人家因為對於自己過往的投資經驗深具信心，自己也稍微研究過葬儀社骨灰罐的市場，憑藉著片面的認知，再加上其軍公教職業的單純背景，在對方用高額報酬率吹噓引誘後，老人家就一股腦兒的陷了下去。已經投下去的錢，未能成功轉賣獲利，卻因著一股事有未竟的盲目堅持，使得其它新的詐騙仲介公司，有機會再趁虛而入，從中不斷榨乾吸血。後來家人發現的當下，長輩仍堅信這些仲介不是詐騙，只是單純買賣不成的糾紛，所以不希望家人追究以免造成麻煩。但家人評估種種跡象顯示，這是一個接著一個的不肖仲介詐騙集團所設下的圈套和謊言，於是仍暗中報警處理了。在司法調查過程當中，家人也感嘆司法過程的冗長及受害家屬的無奈，才真正體會到為何常在電視上看到有人要抗議司法問題。這邊特別一提，並非警調單位不盡心調查，而是指這繁瑣及冗長的報案和調查程序以及蒐證困難性(很多時候家屬必須自己扮柯南來蒐集證據和調閱監視器錄影帶，並且將來龍去脈抽絲剝繭提供給檢調參考)但畢竟家屬只是一般老百姓，缺乏公權力及可運用的資源去深入調查蒐證，所以會看到那些詐騙仲介持續另起爐灶，詐騙其他無辜老人，因為無法有足夠的證據可以將他們繩之以法。過程當中，也看到了檢調的辛苦，每天要處理的案件這麼多，他們也都耐著性子與受害人溝通細節，只是能夠投入在每個案子的時間有限，檢調也必須選擇嚴重性的案子先辦。

另外，政府有關單位對於殯葬仲介業者缺乏管理及審核機制，雖然不斷有骨灰詐騙集團案件出現(近年來檢調成功破獲許多靈骨塔詐騙集團案)但仍然無法有效約束及抑制詐騙組織流竄。在此呼籲政府相關單位，應參考金融和保險法規，針對殯葬禮儀業者和仲介設立控管機制，以防止有心人士鑽法律漏洞。

在訴訟的過程中，因為一個案件只能針對一家仲介起訴，而要成功起訴一家仲介又需費時傷神，但老人家經不起這樣冗長訴訟過程中的煎熬，且當時仍執意相信自己過去所買到的都是真的東西(即便他從來沒看過這些罐子，也沒有成功賣出一個塔位）於是打退堂鼓想要與對方和解，過去的損失也決定不再追究了。但家人認為，若這次不將那些不法之徒揪出並繩之以法，長輩仍會持續陷入新仲介的連環騙術，而實際上，在同時間仍有其他掛羊頭賣狗肉的不法仲介持續來接觸長輩，表明要幫長輩高價賣出手上的塔位及骨灰罐。於是在花不起昂貴律師費情況下，家人充當律師整理訴狀及相關證據給檢察事務官，並且表達雖然證據蒐集不易，不見得可以成功起訴，但是仍想盡己之力提供所有手邊資料給檢調參考，也無能力針對過去六年不肖仲介一一立案告訴，因為這需耗費的時間和金錢，恐怕非一般老百姓所能負荷，但仍期盼藉由提供手邊掌握到六年來的線索，供檢調循線追查看看是否能找到幕後黑手。這件事帶給我很大的感觸，並不是每個家庭都會遇到這種困境，但是一旦遇到了，家人的團結一起面對，並且有效冷靜處理，才是突破困境的解方。

另外的案例，有一位退休人士，因為擔心沒有持續收入，在朋友的慫恿下投資了區塊鍊相關的平台，把自己的退休金連同小孩工作賺到的錢，在短短三個月內投入了上百萬。當自己的錢已用盡，接下來詐騙集團就會要你找親友當下線投資，然後可以從中獲取手續費。可以理解這些受害者在退休後，因為害怕退休金總有用光的一天，所以必須想方設法，讓死錢長大，而詐騙集團也就是利用這個人心的弱點趁虛而入。不懂的投資商品真的不要碰！如果這麼好賺，也不會輪到你身上！如果想不透這點，你就會是詐騙集團鎖定的肥羊，等著任人宰割！

這些事件給我們的啟示是：

一、過去成功的經驗不代表未來每一件事都一定不會出錯。步入中老年後，每一步都應當走得穩健而實在，絕對不要因為對自己的判斷過於自信，不經多方評估或聽取他人意見而選擇一意孤行。尤其是退休後，有時候並不自覺自己的記憶力及對事物的判斷力已經大不如從前了，所以仍以過去的方法和經驗行事，在不跟家人商量的情況下，往往就成為詐騙集團眼中的落單肥羊，很輕易地就落入了他們的圈套。

二、中年以後，當適時調整生活習慣，物質簡單就好，不因追求享樂而太在意金錢和名利。當收入減少甚至退休後沒有固定退休金收入，若一心仍想著維持過去高消費的生活模式，就容易盲目追逐高獲利的投資方式，迷失在金錢的遊戲陷阱中。然而，縱使理智告訴我們，天底下沒有白吃的午餐，羊毛出在羊身上，在高獲利的金錢誘惑下，我們很難保證不被利誘，於是就常常聽到有老人家終其一生的儲蓄老本，被詐騙集團吃乾抹淨的社會新聞案件層出不窮。馬雲曾說過，人之所以會被騙，都是在於一個「貪」字。要讓自己不貪心不受騙的方法，就是簡單過生活，別妄想高獲利投資。

三、我的體會和學習是：很多原以為不會發生在自己身上的情節，隨著年齡增長，總是有機會遇到。這時候，最困難的不見得是問題本身，而是我們面對它並且處理它的方式。靈骨塔這個案例，幾經家庭紛爭和討論，很慶幸地，家人最後的共識是：不可輕易姑息詐騙集團，雖然起訴之路還很漫長，也不確定最終是否能夠勝訴，但今天的姑息，將造就明天的禍害。此外，選擇原諒並放下這件事，這說起來簡單卻實屬不易。畢竟長輩瞞著家人散盡財產，一度還讓家中負債，讓家人終日無法安心，每天提心吊膽，深怕老人家又再度陷入詐騙圈套。但是，如果沒有了和諧的家庭，這一切也就沒有了意義。若是這時候義憤填膺地指責長輩的錯誤，換來的可能是親人間的爭吵與斷絕。失去的錢或許還能賺回來，失去的家庭和諧，將留下難以回復的陰影。有了這個體悟，晚輩們決定努力營造每一個快樂的家庭時光，希望能把過去那段不開心的記憶抹去，畢竟人的一生也就是一個個記憶所組成，端看你要選擇如何打造這些記憶畫面。

附註：華倫．愛德華．巴菲特：美國投資家、企業家、及慈善家，世界上最成功的投資者。

巴菲特提出的「價值投資法」，是他本人投資心法，也都是些很基本的常識，每個人都能輕鬆上手。因為，這套理論的基本原理都很淺顯易懂：

1. 要用五毛買一塊錢價值的股票。
2. 要買自己熟悉的股票。
3. 風險來自於你不知道自己正在做些什麼（所以你要知道自己正在做什麼）。
4. 如果你在錯誤的路上，奔跑也沒有用（古人用「緣木求魚」來比喻走錯方向）。
5. 巴菲特說他很理性，許多人擁有更高的智商，許多人工作更長的時間，但是他能理性的處理事物。

「價值投資法」的一些基本特性：

1. 強調本金的安全：投資人所投資的標的，都有真實的價值，不至於大幅虧損或消失不見，所以你能夠獲得安心。
2. 強調要有適當的收益：所以投資人在投資過程中，都能獲得適當的收入，以保持生活的安定。
3. 強調要對投資標的深入分析：所以投資人可以自行判斷投資標的和投資時機，不會因為一些挫折就感到迷惑，也不會受到不良投資商品的誘惑。
4. 絕不貪心：投資的範圍絕不超過自己的能力，所以不會因為貪心而陷入失敗和貧窮的困境。

本節重點：

1.無法克制高消費欲望而放任自己恣意妄為，沒有預想到後果的人，之後便要為了過去一時的貪圖享受，到中年過後仍需繼續過著勉強自己為五斗米折腰的人生。

2.每一天的充實生活都是為了更美好的明天所作的準備。

3.時間就像金錢一樣重要，必須妥善分配和投入在必要的地方。

4.價值花費原則： 在每一筆支出尤其是重大支出前，先評估一下這筆消費是否花得有其價值。

5.惟有保持輕裝，才能除卻經濟煩惱從容地過日子。

6.面對一些外在的投資陷阱和誘惑，就算是學經歷豐富、見過大風大浪的人，也難逃魔鬼的誘惑。

7.過去成功的經驗不代表未來每一件事都一定不會出錯。

8.簡單過生活，別妄想高獲利投資。

9.最困難的不見得是問題本身，而是我們面對它並且處理它的方式。

10.不可輕易姑息詐騙集團，今天的姑息，將造就明天的禍害。

11.呼籲政府相關單位，應參考金融和保險法規，針對殯葬禮儀業者和仲介設立控管機制，以防止有心人士鑽法律漏洞。

12.沒有了和諧的家庭，這一切也就沒有了意義。

13.人的一生也就是一個個記憶所組成，端看你要選擇如何打造這些記憶畫面。

6. 創造生活小確幸，別指望別人。

步入中年後，雖說四十而不惑，但開始會對生命價值感到困惑。正面樂觀的人，會開始尋求人生的意義和目標，開始想要跳脫柴米油鹽醬醋茶的日子，想要抓住青春的尾巴，或者嘗試去挑戰一些自己未完成的夢想；相反地，悲觀的人會開始質疑自己為何每天仍過著庸庸碌碌的生活，到頭來仍一事無成，沒有目標沒有夢想，也不知道自己的下一步該怎麼走。幸運的人或許還能在企業裡保有一個位置，繼續不上不下的為了三餐而努力著。一位五十歲上下的上班族朋友，常常來找我訴苦，述說他的直屬主管是如何喜歡把簡單的工作弄得很複雜，然後不理會員工的建議和問題，也常為了展示自己的權力，要求部屬依照他的方式去作業，如有不從，就趁勢扭曲或對部屬作出不實指控，目的在鞏固自己的地位，甚至希望透過這種方式，排除異己，進而雇用自己的人馬進來。像這種典型的辦公室政治問題，不勝枚舉。這位朋友對於主管不實的指控，感到相當氣憤，一時氣不過便公然在辦公區反駁主管的指控，同事們事後都對於他的勇敢舉動冒一把冷汗，但是也很認同他挺身而出的英勇行為，因為其他同事也有類似被不實指控的經驗，卻礙於主管權威，不敢為自己發聲。然而，雖然當下為捍衛自己的聲譽勇敢地反駁了主管，情緒上仍受到影響，甚至到週末假期間，整個人心情仍無法放鬆，義憤填膺、輾轉難眠～記得那一天是個晴朗的好天氣，我和家人正在戶外爬山，由於天氣非常好，拍起照來也就風光明媚，讓人心曠神怡！正在山上享受大自然的悠遊自得，卻收到這位朋友好幾通訊息，他仍然對於昨天的辦公室衝突，感到氣憤難當、無法釋懷，也很苦惱擔心自己的舉動，會對考績造成影響，進而影響到即將發放的績效獎金。首先，我對於他勇敢捍衛自己的名譽是表示贊同的，這種不實的指控如果吞忍了，恐怕主管更認為他的指控是事實，以後更可以毫無忌憚地隨意不當指控員工。然而，這種作法卻可能激怒主管，會影響考績也是可以預期的。於是我在想，與其擔心無法掌控的績效考核，我們可以選擇怎麼做去排除化解這樣的困擾一再地重複發生呢？當下我隨意傳了一張和女兒站在一片茶園中，陽光普照的照片給這位朋友，然後告訴他：好天氣會有好心情喔！這些惱人的事，要不要留到下週一再想啊？朋友笑答：對！我們家也正要到戶外走走，希望能轉換心情。我進一步回應著：無論現在的主管如何如何，只要想到當自己離開職場的那一天，過去的種種終將歸零，再多的恩怨情仇也都消失殆盡，如此這般，此刻再多餘的生氣、難過和擔心，也都只是白費力氣而已～與其花心思在這些辦公室不可控的人事上，是否儘早將這些力氣花在自己的人生下半場規畫上？亦即，身為資深上班族的我們，越快找到離開職場後能做及想做的事，也就越快能擺脫這種辦公室惡鬥的宿命。一抹燦爛的陽光，一位好友溫暖的傾聽和回饋，就足以成就生活中的小確幸。適合自己的職場和主管絕對不是我們可以控制的，與其指望他人為我們帶來方向和明燈，不如尋找適合自己的生活和工作方式，然後製造每一個屬於自己的小確幸。

回想起自己當時決心離開外人欽羨的辦公環境和外商頭銜，最主要的原因是因為感覺到被繁瑣的辦公室事務和無效率的工作內容，消磨了工作的熱情和動力。在複雜龐大的官僚組織底下，每位員工只是一個一個公司機器運轉的螺絲釘，為了配合組織政策，滿足某些高層的績效表現而必須配合演出，看似簡單的工作內容卻被無意義的繁文褥節和瑣碎的程序規章搞得異常困難，也常常面臨到努力做了很多，卻因組織錯綜複雜問題，始終做不出成果，或者當上頭風向變了，不但白做工，又得重新適應新主管新作法，每天光是要應付老闆和主管們光怪陸離的指示和需求就已經很折磨人了，哪裡還有多餘的力氣去思考自己真正想做什麼？當時我常常在想，自覺是個有執行力的人，只要思考過後覺得方向對了，便可以很有耐心地一步一步按照計劃執行，然後完成目標，如果以這樣的精神來從事自由工作者或創業者相關自主性強的工作內容，應該會比待在大企業中依照主管的指示來完成不知道是否對自己有意義的工作內容來得更有效益吧？在凡事講求效率的公司組織，實際隱藏了更多的無效率的行為和結構，誰說能準時下班的人，是因為工作太少？每天加班就代表績效很好？在北歐國家，相當重視工作與家庭生活平衡，但並不代表他們做事沒有績效，反而為了能準時下班，在工作時間內非常集中精神，專注地處理有效益的事，而這樣的作法是全民運動，所以不會有人質疑你為什麼每天可以準時下班；這在亞洲地區的國家，就很難推動了。希冀自己每天可以準時下班，所以希望只做有效益的事，然後可以在上班時間內高效率地完成應該做的事，但事實是……

第一：所謂有效益的事，不是你說了算，然而想建議老闆或主管只做有效益的事，恐怕你得費更多唇舌，甚至有可能換來更複雜的做法，因為老闆永遠和你想得不一樣～

第二：上班時間內努力高效率完成工作，卻發覺身邊的同事過了六點還在座位上奮戰(不知是事情多到做不完，做事沒有效率不得要領，還是習慣了一定要加一下班，因為老闆還沒回家～)，同儕壓力讓你不敢準時離開辦公室，若無畏他人眼光堅持走自己的路，可能擔心老闆已經在心中默默給你打個叉叉，暗自盤算著：這傢伙是不是工作量太少，所以才能每天準時下班？

當然我也聽過少數傳產公司，辦公室氣氛就是不希望員工加班，如果超過六點還在座位上，主管會跑過來關心然後吆喝著：該回家啦～但這畢竟在台灣是極少數的公司案例，當整個公司文化是不需要加班的，希望員工能工作和生活平衡的，提倡員工安排下班後可自我學習並規劃充實生活的，那麼整個公司的氛圍就不會認為準時下班的人是工作量太少或沒有積極努力工作的人，主管們也會要求自己以及整個團隊必須在上班時間內有效地處理事務，自然而然地會提升組織效能。如果現階段，公司的氛圍就是事情做不完，每個員工都需要配合加班甚至假日加班以達成組織共同目標，對於個人來說，短暫的配合以達成公司目標應該是可以接受的，但是若長時間有需要，甚至被要求配合加班，則是有待考慮的工作模式。曾經詢問過一位企業主管，如何能接受像這樣每天都有做不完的工作，需加班到很晚，假日也必須來，然後對於老闆的要求時時待命？他淡淡地回答：當然沒辦法長期這樣，但這是我階段性的目標～這位主管很清楚目前這個工作任務，能為他帶來什麼階段性的效益，所以他願意咬著牙撐過去，這是一種自我選擇下的工作動機，就算再忙再累也知道為何而戰。然而當時的我，由於不願被堆滿的工作、無盡的加班和沒有效率的作業所淹沒，再加上對於第二職涯已有規劃和想法，於是，在不想浪費公司和自己的時間這樣的想法下，毅然提出辭呈，心中隱約知道如果此刻再不做出決定，恐怕之後更難做出決定，因為體力和精力也慢慢流逝，因此是否該給自己一個機會去實現原本的計畫？這是我中年冒險轉業的過程，也是一種選擇下的結果。但在實務上，多數資深職場人的際遇是，對於目前的工作沒有什麼特別的想法，只是為了需要一個工作而做。為了保有這份工作，所以對於老闆給的任務也只能照單全收，無法考慮和自己的興趣、志向、能力是否相符，像這樣隨波逐流的工作方式，一個不小心就會面臨中年失業的窘境。想要再去新公司重新開始，無奈機會少之又少，於是只好倚靠著過去的存款勉強度日，不斷尋找各種求生的機會。真要走到這一步時，過去的輝煌戰績或高超能力也都派不上用場了，因為市場上沒有給予足夠合適的機會，讓中年失業或想轉業的上班族可以再度發揮長才，貢獻己力。

這也是筆者稍後要介紹金色經濟計畫的主要動機，希望讓這些中高齡上班族們也能順利生涯轉換，既延續自己的專業，又能維持收入，創造高品質的退休生活。若能發掘夢想，進而在這個階段可以毫無顧忌的實現自己未竟的夢想，人生真可以說是了無遺憾了！即將步入中年或已身處中年階段的朋友們，如果已經對於一成不變的生活感到困擾，每天忙碌但盲目的工作著，卻找不到自己的目標或者成就感來源，看到別人的成功，然而自己的努力或付出卻都沒有人發覺，只能守在既有的小框框中自怨自艾，這時候應當有所覺悟了。無論是心態上的調整或者是實際行動帶來改變，只要是自己認為好的、適合的，絕對都是最好的一時之選。親朋好友的際遇或建議，都不能代表自己內心深層的感受和渴望。對於遲遲不願付出行動帶來改變的人，潛意識藏著對安定的需求，深怕一個失足，帶來無可避免的災難，尤其是對於整個家庭、經濟的影響。這樣的人其實不見得不冀望改變，而是因為被生活壓得喘不過氣來，沒有時間靜下心來好好規劃及思考自己的下一步。

對於他們來說，最好的方法即是在穩定的工作步調當中，仍不忘每天抽出一點時間來規劃下一步，每天抽出一點時間往前踏一步，如此日積月累下，一定能走出一條不同的路。何謂工作中的小確幸？那就是可以選擇自己想做、能做，而且符合自己人生目標的工作內容！

本節重點：

1.當自己離開職場的那一天，過去的種種終將歸零，再多的恩怨情仇也都消失殆盡。

2.與其花心思在這些辦公室不可控的人事上，是否儘早將這些力氣花在自己的人生下半場規畫上?

3.越快找到離開職場能做及想做的事，也就越快能擺脫這種辦公室惡鬥的宿命。

4.一抹燦爛的陽光，一位好友溫暖的傾聽和回饋，就足以成就生活中的小確幸。

5.適合自己的職場和主管絕對不是我們可以控制的，與其指望他人為我們帶來方向和明燈，不如尋找適合自己的生活和工作方式，然後製造每一個屬於自己的小確幸。

6.若擁有自我選擇下的工作動機，就算再忙再累也知道為何而戰。

7.何謂工作中的小確幸? 那就是可以選擇自己想做、能做，而且符合自己人生目標的工作內容 ！

第六章　打造金色經濟的八個心法

1. **你還停留在過去的時代？**

新科技帶來市場的改變、現在賴以維生的工作和技能，在可預見的未來將逐漸轉型或消失，以往認為的鐵飯碗(銀行員)工作正在縮減中，取而代之的是新職務(AI、大數據分析師、網路行銷專才等)。許多的傳統產業也受到這股洪流影響，從我的客戶所提出的服務需求中多半和數位服務有關，同時談及他們公司為了因應數位轉型，所作的人力重組和職務重新設計，可以嗅到這股風氣。一位傳統旅遊業的行銷主管告訴我，過去他們的業務只懂得人員行銷，對於數位行銷工具不擅長，也不想多花時間了解，因此在不辭退員工的前提下，公司打破了原有組織的任務編制，重新以數位化行銷功能來編組，要求每個組別都要熟悉所負責的數位行銷工具和平台。於是我詢問：「如果員工排斥或無法勝任新的任務編排呢？」行銷主管這麼回答：「給他們適應一段時間，不適應的自然淘汰，就可以補新血進來了。」另一個例子，是知名外商金融公司，這幾年來積極建置數位溝通平台，對內部員工持續溝通公司轉型將帶來的異動，包括一些職位的縮減，例如行政作業人員和客戶服務中心員工。同時也將實施組織扁平化，亦即去中間主管職。這樣的溝通，員工很有感，而公司也確實立即地朝這方向前進，不過，刀子有兩面，公司在硬體建置和流程配套尚未完備下，就急於大刀一揮，強力重整組織，也任意調動人員和任務，於是在公司內造成不少衝突和混亂。高層們急於想表現自己轉型成功，為公司節省多少人力，創造多少績效，並不會體恤基層員工為了應付這樣突如其來的組織異動，必須花費更多時間、更大的力氣去執行原本的作業。同時，高級主管們在系統和流程尚未完備下，只是一廂情願地認為公司已經數位化，於是不需要過多的人力了，因此遇缺不補，然而實情是，留下來的員工必須身兼數職，工作並沒有因為所謂的數位自動化而減少，原本的流程並無法立即精簡或取消，反而多了許多必須配合新組織異動所產生的新流程和新工作。可以理解企業組織為了生存無不絞盡腦汁在增加業績、節省成本和提升效率三個面向上，尤其台灣以中小企業為主，生存更為不易。因此，身處在這股洪流中的我們，如果只是矇著眼睛、關上耳朵，不去看也不想聽這世界的轉變，傻傻地以為只要安份守己的做好手上的工作，固守本業、專注在原有的職能領域，應該就可以勉強在職場上存活下去，甚至認為只要對公司持續忠誠，公司應該不至於虧待自己……然而，這樣的想法非常危險。在這裡，並不是要鼓勵員工不要對公司忠誠，只要留在工作崗位上的一天，原本就應該盡心盡力以公司目標為優先，所謂當一天和尚敲一天鐘，這是基本職場上應有的工作道德和應盡的義務。我想要說的是，因應世界的變遷快速，企業本身要生存下來就已經很不容易了，想要兼顧到每一位員工的職涯發展，其實是不可能的，也就是說，除非你所做的工作是公司現階段或未來發展所需要的關鍵工作，不然，公司為了達成生存營利的目標，勢必會有所取捨。如果員工看不清這一點，就會落入了可能會被自然犧牲淘汰的那一群人當中。而身為家庭重要支柱的、職場中資深老鳥的我們，是否已意識到這個轉變，開始有所為了呢？

四十歲以前，體力精神都還不錯，學習力也很強，轉職尚稱容易，公司仍會給很多機會，願意拔擢培養；四十歲後應告訴自己看清所處環境，但不妄自菲薄，開放心胸多方接觸以保持學習力，過去的成就不代表未來一定持盈保泰，而現在的失敗，也不代表下半場人生就不能跳脫過去種種，重新開機，除非你還執意停留在過去，不願意給自己一個機會去轉變。

一位從事財務專業的朋友，四十歲好幾卻常面臨須轉換工作的局面，她雖然知道自己不該頻換工作，但總是因為各種原因迫使她不得不選擇離職，只好重新再找下一份工作。於是她找上我，希望能透過教練諮詢方式，協助她突破這個困境。從幾次教練面談中，可以感受到她對於目前工作際遇的不滿，原本在財務上具專業且也做到主管職，常常被老闆視為重點栽培人物，但因為本身個性很直接，無法忍受不公平或不受尊重的職場環境，常常對老闆們直言不諱，這使得很多老闆或老闆娘們其實對她產生了防備之心，從一開始的完全仰賴放手支持，到後來往往演變成提防及打壓，於是在這樣惡性循環下，迫使她流浪於一間又一間的公司中。年紀輕時或許對於轉換工作沒有太大的困難，但是在年過四十後，她感覺到自己體力和精神已不如從前，找工作也沒那麼順利了，但礙於家庭經濟壓力，她必須儘快找到下一份工作，以維持日常開銷。這一次已經好幾個月沒法兒找到適合的工作，沒固定收入但有固定花費，於是她開始以信用卡借貸，逐漸積欠銀行一筆上百萬的債務。幾次教練諮詢下來，她發覺自己的工作習性，一直停留在過去擔任大公司主管時的樣子，於是到了一般家族型企業遂變得水土不服，另外，年輕時鋒芒畢露的個性，到中年後竟然成為尖銳的絆腳石，從原本信心滿滿地頗受老闆重用，到最後皆以黯然收場，有的甚至不歡而散。她另外一個自我覺察是，驚覺自己已逐漸邁入中年，原本耳聰目明、對事情擅於分析然後能迅速提供老闆正確的建議，突然間變得不太能立即反應，腦子似乎不太靈光了，這點讓她對未來感到很惶恐也出現了負面的想法。原本開朗自信的她，感覺自己體況不佳、能力下滑、再加上負債，整個生活都受到了影響，也同時影響到最親近的家人。教練諮詢的過程，讓她對於自己過去的生活模式有了新的體悟：四十歲開始不該再用過去的方法過日子，該追求的、該重視的東西也不同了，身體健康、家庭和樂必須擺在優先，於是在工作上也不需再爭權奪利，而是以能穩定的工作為主。有了這些新的體悟和想法，她開始恢復生活的動力並且在教練的協助下擬定了行動方案。對於教練來說，答案一直都在每個人的心中，只是有沒有好好靜下心來整理思緒，因此教練並不會直接給你答案，而是以陪伴的角色，協助客戶傾聽內心的聲音，找回動力並且擬定可行的行動方案。經過一段時間後，她找到了一份新的工作並且重回正常生活。她告訴我，事後回顧起那一段混沌的日子，因為身體狀況不佳影響到心理，也影響到工作表現和對家人的態度，但是當人深陷其中時，是毫無自覺的，完全不知道自己發生什麼事，只是感到無力並且對周遭事物充滿怨懟，在幾次教練會談之後，她彷彿被一棒敲醒了，而且是被自己打醒的。有時候，借助身旁親友，來一場紓壓的對談，有助於自己重新釐清事實並且找到新的方向。若是議題敏感或是沒有適合傾吐的對象，則尋求人生教練或是心理諮商的協助也是不錯的選擇。

We already walked too far, down to we had forgotten why embarked.

我們已經走得太遠，以至於忘記了我們為什麼出發

黎巴嫩詩人紀伯倫 Khalil Gibran

本節重點：

1.40歲後應告訴自己看清所處環境，但不妄自菲薄。
2.40歲開始不該再用過去的方法過日子。
3.開放心胸多方接觸以保持學習力。
4.過去的成就不代表未來一定持盈保泰，而現在的失敗，也不代表下半場人生就不能跳脫過去種種，重新開機。
5.答案一直都在每個人的心中，只要你好好靜下心來整理思緒。

2. 老了還是要挑戰

一天，某位朋友語帶滄桑地說了這麼一段話：「很多時候，被現實折磨的我們，時常忘了如何主動去生活，而只是被動的呼吸著，然後雙眼直視前方，茫然的向前走……時間久了，我竟無法辨別，到底是我沒有勇氣將目光往兩旁多看看，還是我沒能力去承擔邁出腳步需要付出的血淚？又或者是，其實我只是被現實折磨成了一條懶狗，是日子在過我，而不是我在過日子！」頓時驚訝於他對生活那般無奈又沉重的感觸，我將這段話收錄在書中，相信很多朋友看了都會心有戚戚焉吧？

基於從事人生教練工作的敏感度，我進一步好奇詢問這問朋友：「是什麼讓你有這樣的想法？」他回答道：「因為害怕！因為覺得自己本事不足，導致信心不足，因為信心不足所以害怕面對新環境、新工作～」

我：「了解，換句話說，如果一個人覺得自己在某些方面是有能力有本事的，就可以產生自信心，然後就會有勇氣，對吧！」

友：「嗯！我覺得八十%是這樣的。勇氣是要靠本事來支撐，而時間、經驗的累積可以造就一個人的本事，若沒本事，只靠一股衝動，那是年輕時才適合做的事。人生沒有後悔藥，我這一路走來到今天，如果仍然沒有任何本事，也只能怪自己，怨不了別人～」

我：「嗯。可以給其他和你有一樣困擾的讀者們一些建議嗎？」

友：「如果怕自己沒本事的話，請從此刻開始累積自己的本事！」

我：「非常認同。那麼你覺得自己有哪些能力或者可以如何累積本事呢？」

友：「你可以問問某某某，他從年輕時就充滿自信，即使現在即將半百，在工作上仍然覺得自己是很有能力的人～」

朋友巧妙地轉移了這個話題。事後回想起來，他知道自己的能力在哪裡，也很清楚問題該怎麼處理(因為他可以很自信地分析問題，甚至給他人建議)。那麼，為何朋友能說出一番道理，卻仍身陷囹圄無法突破呢？仔細探究其背後原因，應該是缺乏執行力的緣故。知而不行非真知，很多時候要做了，才能真正了解事情的難易度。朋友困在自己給自己設下的框框，卻不想也不願意勇敢走出框框，雖然他知道走出框框才是正確的道路，也建議其他人一定要走出框框，但是自己卻寧願留在框框內，然後暗自悔恨自己就是無法走出去！

雖說人生走到這個地步，許多事似乎已經成定型，沒錢、沒體力、沒外表造成自信心退縮，很自然的就說服自己，這輩子應該就這樣了吧！也因為太容易放過自己了，所以沒有什麼目標，也就沒有動力去做任何改變，更別說挑戰新事物了。如果一個人的壽命平均為八十歲，則四十歲才走了一半的歲月，剩下的一半，難道就只能枯乾等死，沒有任何作為？年紀只是個數字，千萬別被年紀限制住自己，若把職涯拉長到六十五、七十歲，那麼四十～五十歲起才開始準備下半場人生新目標，其實一點都不嫌晚呢！最怕的是自己先把未來給定型了，認為職業生涯已經到了頂峰或盡頭，放棄了尋找新的機會，開啟任何新的可能。

找到工作熱情這件事，是個從年輕到老都存在的課題，一般人以為不斷嘗試並尋找有熱情的職涯只是年輕人的事，其實不然，很多人在同一領域工作一、二十年後會感到倦怠疲乏，或者因為遇到了發展瓶頸而渴望尋求其他舞台和機會，想看看自己是否有機會仍可以再次投入對工作的熱情而嶄露頭角或者有發揮長才、貢獻自己的可能。雖然說看似很簡單的轉換職涯跑道，但對大多數人來說，要這麼突然地放棄自己累積多年的經驗和專業，離開原本已打下基礎的舒適圈，年輕時或許還沒什麼包袱和擔憂，但到了中年，這樣的決定就格外令人躊躇不前。

跟多數人一樣，原本在外商公司福利待遇極佳的我，也在中年遇到了工作瓶頸，在最後任職的一家外商公司待了八年多，我已經對原本的工作內容失去了熱情和動力，但因為需要這份穩定的收入來支撐家庭經濟，一直不敢貿然離職。雖然也曾評估轉職的可能，但是隨著年齡的增長，薪資水平也較外面同等職來得高，不容易轉換工作，想直接轉換到自己有興趣的新領域，事實上也並非這麼容易，過去的經歷仍在求職時讓我們受到侷限，此外，一般需求人才的公司也並不認為像我們這種資深專業工作者可以屈就且願意從頭開始，因此換工作不見得是最佳的選擇，只是把原本的問題延後而已。我知道創業一直是我想走的路，所以選擇仍在職期間去探索各種有興趣的創業可能，學習相關知識和技能，也嘗試拓展相關新領域的交友圈，這樣的決定讓我不至於面臨突然斷炊的壓力，也能嘗試更換不同種類的領域當作創業前的準備。不過在這段不算短的在職尋夢階段，現職工作上也是挑戰不斷，好幾次都想衝動離職專心創業，但是擔心經濟無法支持，再加上當時家裡發生一些事，我只好選擇繼續留任原公司打拼，才有餘力和財力協助處理事務，現在回想起那一段兩年多的日子，我很感謝當時仍擁有這一份正職收入可以穩定家庭。正如之前所提到的，每一個決定都是當時最好的選擇，兩年前沒有貿然離職，才能安心地處理家庭事務，直到事情穩定了後，就可以有餘力再次出發，凡事上天都自有安排，我們只需要專心一意地朝著目標前進，然後盡心盡力活在當下！

我心中一直知道不可能持續停留在原地不改變，然後就這樣有如溫水煮青蛙般，因為離不開這舒適圈而面臨被煮沸卻不自覺的局面。尋找目標同時等待時機的過程是相當掙扎的，但是我了解上帝在重塑我們的過程當中，必定會巧妙地運用我們的才幹，同時希望我們能從不斷嘗試的失敗經驗中汲取智慧，進而創造出能為他人帶來盼望的實績，這個實績就是我們必須耐心孕育並勇於挑戰的夢想！

現代詩先驅　英國詩人布朗寧Robert Browning：

（人的手應該伸向掌握不到之處，否則天堂有何用？）

我們常因自己無法掌握而放棄伸手，重點不是天堂在哪裡，而是有沒有伸手；當我們往熱情的所在伸出手，天堂就在不遠處～

本節重點：

1.一個人覺得自己在某些方面是有能力有本事的，就可以產生自信心，然後就會有勇氣。
2.知而不行非真知，很多時候要做了，才能真正了解事情的難易度。
3.雖說人生走到這個地步，也別太容易放過自己了。
4.找到工作熱情這件事，是個從年輕到老都存在的課題。
5.每一個決定都是當時最好的選擇。
6.凡事上天都自有安排，我們只要專心一意地朝著目標前進，然後盡心盡力活在當下 ！
7.上帝在重塑我們的過程當中，必定會巧妙地運用我們的才幹，同時希望我們能從不斷嘗試的失敗經驗中汲取智慧，進而創造出能為他人帶來盼望的實績。

3. 不老傳說，誰說追夢是年輕人的事？

夢想若不去實作，則永遠只是個夢中無望之想。但有夢想總比沒目標好，身為資深夢想家，在意的是圓夢的過程，每個結果都是最好的。別把失敗當作挫折，保持彈性、中庸及平常心，找出有什麼是你願意且不在乎成本去做的事。這裡並不建議大家孤注一擲的去投入任何投資、創業或消費行為，而是找到目標後先以小成本嘗試即可，不過於期待也不放棄任何希望，專注在自己可以控制的事上。然而夢想是什麼呢？每個人的定義皆不同，簡單來說，如果完成某件事可以讓我們心中得到喜樂和滿足感，而這件事對於個人又具備挑戰性，是目前的我們無法達成的，於是期許在不久的未來可以達成，這樣子的目標就成了我們心中期盼想要追逐的夢想。所以，夢想可大可小，可以是很個人的，也可以具有宏觀思想甚至社會公益意義。隨著年紀越增長，經過歲月殘酷的洗禮，我們漸漸失去了做夢的能力，不再去想也不敢多想，看盡人情冷暖，為了生活忙碌奔波的我們，只希望安然地度過每一天。的確，對於身處三明治家庭的我來說，現階段沒有什麼比得上家人的健康、平安還有子女的養育教育來得重要，但即便是這樣，我仍然有期待能完成的夢想，只是必須在平衡家庭、現階段工作以及健康之下，才能有多餘精力支撐夢想的實踐，雖然起步慢、過程辛苦且回報期長，但是我堅信只要每天一點一滴地累積，滴水穿石總有水到渠成的一天，況且這過程中仍兼顧了家庭和生活樂趣，不至於因為孤注一擲在夢想的追逐上，而失去了其他重要的事物，能夠不躁進地朝著目標緩慢前進……

你的夢想又是什麼呢？絕大多數人在步入中年後就告訴自己，此生已大致如此了，只要能平安度日即可。的確，此刻的我們，沒有什麼比平安、健康還來得重要。但是人生下半場還有那麼長的光陰，難道我們就此停擺不去想任何對自己有意義、能創造自我價值的事情了嗎？圓夢過程就是一種創造自我價值的過程，那怕只是很小很小的目標，當自己能夠達成這個目標後，自我價值感就會提升。如果選擇什麼也不做，容易感到生命漸漸枯萎，因為找不到自己存活在這個世界上的意義和目標。

一個我獨自在家寫作的下雨天，午休時段觀看著電視，無意間看到在介紹日本職人追求夢想的節目。一開始看時就在想，故事中的女主角和我們一般所認知的麵包達人應該沒有什麼不同，所以只是想看看她製作出什麼好吃的麵包和甜點。但是越往下看就越發覺她的成功之道，除了精湛的技術外，還蘊含了職人對生命價值觀的體現。從讚美聲不絕的客人口中得知，因為知道她對於原料品質的堅持，所以信賴她所製作出的麵包可以有益家人和孩子的健康。訪問另一位男士，為何會常常來店裡消費，他回答道：「店主人給人一種很舒服安心的感覺，所以來到這裡可以感到放鬆和自在。」聽到這裡，我馬上直覺，這位職人應該有自己獨特的經營之道，果然，隨後她受訪時說：「我希望每個人都能開心地吃到健康安心的麵包～」由於懷抱這樣的價值觀和使命，她的經營模式和待客之道，也就很自然地可以呈現和她價值觀相符的行為。接下來節目中講到，這位職人一心想在一個博覽會中發表她的新產品，於是每天熬夜研發，希望能趕在博覽會前完成這個作品。果然在不斷嘗試中，於博覽會開幕的幾天前完成了新作品必備的特製果醬，她特地在前二天拼命生產果醬，然後趕忙裝罐寄到會場。但就在開展的前一天，職人突然接到一通意外的來電，說她所寄送的果醬瓶身破了，因此無法使用！看到這裡，連我這個電視機前的觀眾都替她捏出一把冷汗，心想：她應該會努力尋求支援，趕緊再製作新的果醬帶去吧？真實人生畢竟不是電視劇，因為要臨時生產果醬的困難和限制性，這位一度把在發表會展現新商品視為目標的職人，最後終究沒能達成這個目標。不過，由於職人的人生價值觀和使命，是讓每一個人都能開心地吃到健康安心的麵包，所以，一個月後，她在店內舉辦親子活動，邀請小朋友親自將新產品的果醬注入在麵包中，「看到孩子們開心的動手做麵包，應該會覺得好吃吧！」職人靦腆地笑著回答。看到這裡，您覺得這位職人是否已經圓夢了呢？相信大家自有評斷。

能夠知道自己要做什麼，然後篤定的活在當下，無論遇到什麼挫折和失敗，只要清楚認知到自己人生最重要的價值觀和終極使命，那麼階段性目標的成敗也就不那麼重要了呢～正如聖經中有提到：「不要看自己過於所當看的，要照著神所分給各人信心的大小、看得合乎中道。」意思是說，上帝賜與每個人不同恩賜，這些恩賜，沒有尊卑級別之分，或許被分配到不起眼的角落、做不起眼的事，也不要輕看上帝賞賜自己的才幹能力！

如果你不知道該去哪，每條路都會帶你到達目的地。

If you don't know where you are going, any road will get you there.

——路易斯・卡羅《愛麗絲夢遊仙境》作者

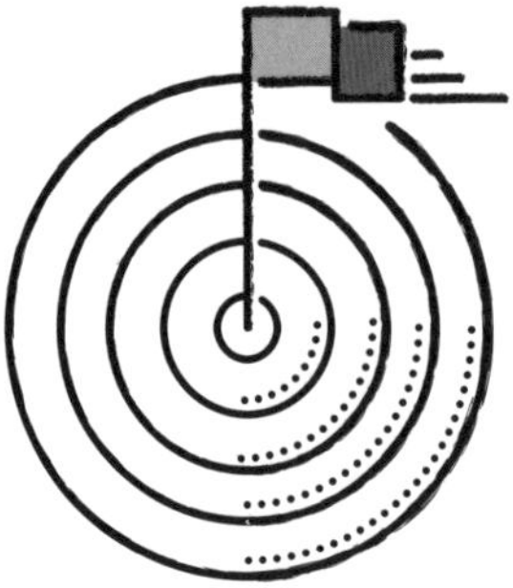

本節重點：

1.夢想若不去實作，則永遠只是個夢中無望之想。
2.有夢想總比沒目標好，身為資深夢想家，在意的是圓夢的過程，每個結果都是最好的。
3.別把失敗當作挫折，保持彈性、中庸及平常心。
4.找到目標後先以小成本嘗試即可，不過於期待也不放棄任何希望，專注在自己可以控制的事上。
5.圓夢過程就是一種創造自我價值的過程，那怕只是很小很小的目標。
6.知道自己要做什麼，然後篤定的活在當下。
7.上帝賜每個人有不同恩賜，這些恩賜，沒有尊卑級別之分。
8.如果你不知道該去哪，每條路都會帶你到達目的地。

4. 現在就開始做，時間不等人

仍在職場時，建議提早至三十五歲即開始探索並思考離開職場後的各種可能性，多方嘗試，找出對自己有意義且喜歡的事物。而尋找人生下半場職涯的準備也是越早越好，建議至少四十歲左右一定要開始尋找並規劃。先盤點一下自己人生的目標順位是什麼？

以我來說，目標排序是（健康→家庭→經濟自主→事業）

找到方向後努力嘗試幾次，若仍不見成效，亦不需要太過執著，換個方向再努力也是可以的。從小被教育要專心一志在自己設定的目標上，就算失敗了也不能放棄，就像國父革命十一次才成功，但是已經走到這個年紀了，應該知道什麼時候需要堅持，什麼時候可以圓融一點，彈性地過日子，這並不是說叫我們不要專注在自己的目標，相反地更應該聚焦些，同時也允許彈性發生。

這個階段的我們，很多人都是家庭、工作兩頭燒，該如何能將瑣碎時間充分利用，並且確實的朝著目標前進，而非一天過一天，等待船到橋頭自然直的發生?為了讓下半場職涯的準備能夠有所進展，我採取的是每週訂立小目標及工作事項的方式，因為上班時間工作忙碌，再加上晚上時間需要教導及陪伴孩子做完學校作業，所以幾乎沒有什麼時間能從事其他興趣以及第二職涯的準備，但這件事卻一直放在我的重要事項清單中。於是我開始將大目標中必須執行的小目標以週的方式列在小紙條上，同時也列出本週需完成的家庭生活代辦事項(父母健康及孩子教育相關優先，其次為其它代辦瑣事)，像這樣子寫下來，有助於我隨身檢視紙條上項目是否已完成，同時不須將待辦事項一一記在腦中，深怕忘記。用小紙條列點的好處是，不需要花太多時間擬定詳細計畫，好攜帶又可以隨時修改。因為已經記下本週內須完成的工作大項，心理大概有譜包含哪些重點事項，於是在當週內，一旦出現零碎時間時，就可以立刻著手完成條列事項，每當完成一樣工作就在旁邊註記OK，不知不覺只要利用零碎時間，就可以逐一完成本週工作事項，沒有太大壓力，且所有項目幾乎都能一一完成。一週完成後的紙條可以將重點及未完成的事項記下，然後再重新列出未來一週工作事項，當丟掉過去一週紙條的那一霎那，感覺到自己好厲害，居然能在這麼忙碌之餘，仍能按部就班的完成待辦事項，成就感也油然而生。這邊特別要提醒的是，在每週安排事項中，務必要把第二職涯準備所需的執行項目排入主要項目，亦即提醒自己無論再忙都要擠出一點時間來完成主要任務，這除了靠妥善安排時間的技巧外，其實仰賴的是自己的意志力。有了非得完成不可的動機和意志力後，才能在上班之餘的休假期間，減少不必要休閒娛樂和放懶的時間，拿來學習新的技能或是拓展第二職涯。對我而言，每天大大小小的家庭瑣事不少，在例行正職工作之餘，發展創業技能以及完成這本書的寫作，就成了我的主要任務，也就是說，在我每週的預定完成事項，會將創業準備以及寫書的時間排在最重要的位置，再怎麼樣都要擠出時間來執行。當然總是會發生突發事務和急件，影響了我原先的計畫，但是只要目標正確且意志堅定，偶爾延遲一點並無妨，最終總是能完成並且進入到下一個階段。只要完成了一步，就不怕沒有下一步，然而很多人因為被生活瑣事壓得喘不過氣來，始終沒有開啟第一步，因此一直被困在日常生活瑣事當中，當然也就距離夢想越來越遠了……

本節重點：

1.尋找人生下半場職涯的準備是越早越好。

2.盤點一下自己人生的目標順位是什麼。

3.找到方向後努力嘗試幾次，若仍不見成效，亦不需要太過執著，換個方向再努力也是可以的。

4.聚焦在目標上，同時也允許彈性發生。

5.充分利用瑣碎時間，並且確實的朝著目標前進。

6.務必要把第二職涯準備所需的執行項目，排入每週主要工作項目。

7.只要開啟第一步，就距離夢想越來越近了。

5. 要創造價值，不要成為負擔

在尋找人生下半場職涯的過程當中，有可能選擇一邊工作一邊尋夢，開啟一些探索，甚至兼職或選擇不離職創業，但這過程相當煎熬，必須在拉扯中找到自己的定位，擁有自我復原能力並且常常自我鼓勵，這時候學習「自我教練」方法就能夠派上用場了。因為在這過程當中，有可能因為時間不夠分配或者心思關注在第二職涯上，使得在本業上的表現沒這麼專注，也就減少了對現職的企圖心和追逐績效表現，在原職場上很容易信心受挫。但是第二職涯仍在萌芽之際，到底該放下自我配合公司體制和需求，勉強自己做著沒有熱情的工作，還是該放手一搏，順應天賦？我仍在上班時期，常常聽到一位主管要求部門同仁，要把手邊工作做出價值來，要成為對公司有貢獻的人。但是價值存在於每個人心中，手邊的工作是否具備價值也是由自己來定義的，當你發覺現在正面對無法發揮、沒有熱情的工作時，或許就是一個警訊，不需要等到被他人評論為沒有做出價值及對公司做出貢獻的人，而是自己可以重新評估價值的所在，然後有選擇地做著自己認為有熱情有價值的工作。有句話說得好：越多人受惠於你的成功，你就有機會獲得越大的成功！對於下半場人生成功的定義，應該放在創造價值上，創造出對他人有價值的事物上，成為有貢獻的人。阿德勒心理學分析「勇氣」的特徵，缺乏勇氣的人，想方設法讓自己看起來很「特別」；有勇氣的人，盡量讓自己看起來很「普通」，因為勇氣就是覺得自己是有能力、有價值的，可以靠自己解決人生課題。阿德勒認為：「我只有在覺得自己有價值時，擁有勇氣；也只有在我的行為對共同體有所貢獻時，才會如此覺得。」。也就是說，勇氣就是一種認為「自己有能力、有價值」的感覺。換言之，就是一種「自己可以解決課題，對他人有貢獻（有能力），而且感覺自己身處在周遭都是夥伴的情況（對他人有價值）。」所萌生出的「（既然別人做得到的話）我也做得到」的信念，因而得到面對困難的力量。人生本身沒有意義，但我們可以賦予他意義；工作本身沒有價值，因此，價值是我們賦予它的，找到自己的人生目標和使命，就可以覺得自己是有能力、有價值的，產生勇氣並且可以有自信從容的表現。

很多專注在職場上的男性，一輩子奉獻在工作上，沒有好好參與孩子的成長，也沒有培養自己的興趣和專長，更別說第二職涯的準備了，於是等到離開職場的那一天，突然發現自己沒有了重心，每天待在家裡，無法融入家庭事務，於是成為家中的大型垃圾。所以在進入下半場人生之前，回歸家庭的心理建設一定要先建立好，別把在公司上班的習氣帶回家庭，尤其是曾當過主管的上班族，絕對不要用教訓員工的方式，來和家人相處。人是慣性的動物，一旦離開自己習慣的生活模式，常常會不知所措，情緒無法放鬆，反而損害了自己的心理以及和家人之間的關係。這個階段的上班族，需認知到在公司的一切也只是過眼雲煙，每個人最終是必須回歸家庭的，所以和家人的關係，和子女的關係才是我們一輩子需經營且有價值的功課。

本節重點：

1.找到自己的定位，擁有自我復原能力並且常常自我鼓勵。

2.越多人受惠於你的成功，你就有機會獲得越大的成功 ！

3.創造出對他人有價值的事物上，成為有貢獻的人。

4.重新評估工作價值的所在，然後有選擇地做著自己認為有熱情有價值的工作。

5.勇氣就是覺得自己是有能力，有價值的，可以靠自己解決人生課題。

6.人生本身沒有意義，但我們可以賦予他意義；工作本身沒有價值，價值是我們賦予它的。

7.找到自己的人生目標和使命，就可以覺得自己是有能力、有價值的，產生勇氣並且可以有自信從容的表現。

8.進入下半場人生之前，回歸家庭的心理建設一定要先建立好。

9.別把在公司上班的習氣帶回家庭。

10.和家人的關係，和子女的關係才是我們一輩子需經營且有價值的功課。

6. 活得快樂有尊嚴，因為我值得

《最美好的時光：人生無憾過日子》一書是慈濟大學公衛系教授葉金川的著作，書中帶來許多他對生命的體悟及故事。在葉金川六十五歲時，意外發現自己得了淋巴癌，也使他對人生進入另一層的思考。他以自己的經歷告訴讀者，到了這個年齡，要盡量把自己縮小，但是要嘗試發揮自己無限的影響力，將理念傳達得更遠，也一樣能改變，甚至創造更多的可能！他認為這樣才能「人生無憾過日子」。

很多人都是等到遭逢人生大事，例如生了很嚴重的病或重要意外事故後，才驚覺到若沒有了健康的生命，擁有再多的財富、地位、名聲也沒有用，於是開始轉念將重點放在如何讓自己的生命活出價值。換個角度想，如果在身體還健康年輕時，就能孕育這種想法，是否可以減少更多的遺憾，更有餘力創造更多的可能！步入中年時期後，請告訴自己：不要再汲汲營營、渾渾噩噩的過日子了，而是須能找到自己心中真正有意義有價值的事，再一步一腳印地築夢踏實。這個夢想不必很大，但是足以讓下半場人生有所寄託和成就感，若可以因此延續工作生命又可持續賺取收入，那麼就不需太擔心退休金不夠的問題了，而能擁有快樂充實且有尊嚴的退休生活。偶然看到這句話覺得很受用，想跟大家分享一下：快樂的泉源有三不，那就是不貪心、不刻板、不悲觀。

進一步闡釋這些意義，

不貪心：步入中年以後，因為害怕失去而想積極擁有更多的財富、名利、甚至享樂慾望，這樣的貪心想法很容易讓我們陷入險境而不自覺，許多的不當手段或爭權奪利，抑或是受到誘惑而被他人所害等危險狀況就應運而生。中晚年後的我們，一步錯就有可能這輩子再也爬不起來了，不得不心生警惕，遠離因貪念所造成的各種足以危害自身及家人的可能性。

不刻板：由於被過去的成長背景和經驗所侷限，到了中年，很多既定的觀念和想法以及生活模式習慣都已經固定了，很難改變自己，也不知道如何突破現況。如果能對這種現象產生自覺，進而尋求解套方法，這樣就還不算太晚。但是絕大多數的人明知自己的刻板觀念卻不承認也不願意改變，一味盲目地相信自己過去也是這樣做的，應該不會錯，若是有錯也是別人有問題，我不需要迎合別人去改變我既有的想法和做法。刻板的態度和觀念，蒙蔽了雙眼，使我們無法經由發覺更多的新觀念、新方法去開拓我們的視野，看到更多的可能和新的機會。刻板的觀念讓我們以自身的眼光去評價他人以及這個世界，容易出現倚老賣老，不易與人為善的固執個性，放不下自以為正確的堅持和挑剔，到老都無法和自己和解~

不悲觀：「向晚意不適，驅車登古原。夕陽無限好，只是近黃昏。」

這首詩源自於唐代李商隱的《樂游原/登樂游原》，意思是：我在傍晚時分心情鬱悶，於是驅車來到京都長安城東南的樂遊原。只見夕陽放射出迷人的餘暉，然而這一切美景將轉瞬即逝，不久會被那夜幕所籠罩。

李商隱所處的時代是國運將盡的晚唐，儘管他有抱負，但是無法施展，很不得志。這首詩就反映了他的傷感情緒。讀到這首詩，感同身受，身邊的朋友們也常出現這樣的感嘆和悲觀想法，莫不驚嘆人生走到這個年紀是否已經定型了，還有什麼可以追求的呢？又有什麼夢想真的能夠在春光已逝的人生下半場實現的呢？這樣的想法無可避免，而且絕不是少數幾個人才有可能萌生的悲觀想法。我看過的絕大多數這個年齡層的朋友們即便是身處在不錯的地位或是經濟還算優渥的人，多多少少都曾出現過這種「夕陽無限好，只是近黃昏」的惆悵感慨。在這裡我只想告訴這些朋友們：「你／妳不是唯一特例，懷有這樣想法的大有人在，只是每個人都嘗試著用自己的方式去消化煩惱和焦慮，找出自己適合的路徑，然後告訴自己必須樂觀面對，因為，快樂也是一天、痛苦也是一天，如果覺得自己已經什麼都不能做了，就會失去生活的動力；相反地，不管外界眼光，堅持實現夢想的人，從不在意年齡和體力日漸下滑，將越忙越有勁！

本節重點：

1.學習盡量把自己縮小，但是要嘗試發揮自己無限的影響力。
2.快樂的泉源有三不，那就是不貪心、不刻板、不悲觀。
3.刻板的態度和觀念，蒙蔽了雙眼，使我們無法經由發覺更多的新觀念、新方法去開拓我們的視野，看到更多的可能和新的機會。
4.快樂也是一天、痛苦也是一天。
5.不管外界眼光，堅持實現夢想的人，從不在意年齡和體力日漸下滑，將越忙越有勁 ！

7. 順勢而為，輕鬆以對

別把「我老了」三個字常掛在嘴上。很多人心理年齡比實際生理年齡還顯老態，尤其在職場上工作到四、五十歲，對工作的熱情和新鮮感早已不在，被每天例行的工作和生活瑣事壓得喘不過氣來，這樣的日子消磨了我們的志氣和勇氣，覺得自己一事無成而心生沮喪感。有一個朋友來找我訴苦，對於工作上老闆的所做所為很不能認同，但是自己已年近五十，也不想再換工作，只得忍耐度日，又看到周遭同事一個個無預警被資遣、或是整個部門遭到裁撤，於是非常心煩，一直很想離職又怕離開後不知下一步要怎麼走，就這樣在忍耐和對主管不滿的情緒下，痛苦的撐著。在職場上一向與人為善的我，仍然會面臨惱人的人際問題，絕大多數都是從主管而來，尤其是在面對擁有職權又不怎麼體恤員工的主管，員工常常被他們莫名由來的數落弄得心情惡劣，好幾次都想憤而離職，情緒也會持續低迷好一陣子。年輕時我會選擇儘快找到下一個工作，然後用更好的下一個工作來讓欺負看輕我的主管知道，我並不是可以任他隨便亂唸或是輕視以待的人。不過隨著年紀漸長，我慢慢瞭解到用離職來證明自己能力的方式，已經越來越有難度，而且恐怕不見得可以越換越好。

因為開始學習「教練」的思維，其中有一項轉念的方法，當我練習越多，就越能儘快擺脫惱人的情緒問題，重新找回自己的方向再迅速復原心情，擁有前進的動力。

透過轉念的思考，每個人可能得到不同的結論，而我得到的結論是：現在讓你煩惱或生氣不已的任何職場中的人、事、物，都將只是我們整個人生當中的小插曲，當你離開這個工作崗位的那一刻，這個令你不悅的人或事件就從此不存在我們的生命當中了，所以轉念一想，現在的憤怒或難過情緒也就白費力氣了～不如把力氣用在對未來有幫助的事上！

憑藉這樣的想法，在生氣憤怒過後，我會儘快調整因應之道，把注意力拉回我必須完成的真正目標，對於這些惱人的人際問題，就用最直接簡單的方式處理。我明白：我擁有生氣等情緒表達的權利，也擁有快速脫離這些負面情緒的能力，因為生命中還有更重要的事，值得我多關注些，實在沒有多餘精神和力氣耗損在這些過客身上。很神奇的，自從有了這樣的想法後，職場生活變得容易些了，不論遇到什麼麻煩的人事，又或是遇到難處理的人際問題，我可以很快的轉念並且轉換情緒。說也奇怪，原本讓你很生氣的一個人，當我用了以上的轉念想法在他身上後，就可以改變對他原本的情緒，情緒沒有了，態度也就不那麼針鋒相對，彼此間的互動也能夠稍微融冰，原本的緊張氛圍也就慢慢消失了。

我知道自己當時生氣的原因仍在，只是透過轉念法，讓這個原因不再影響自己的心情。快樂也是過一天，煩惱也是過一天，瞭解到世事無常才是常態，不如順勢而為，輕鬆以對吧！

本節重點：

1別把 「我老了」三個字常掛在嘴上。

2.現在讓你煩惱或生氣不已的任何職場中的人、事、物，都將只是我們整個人生當中的小插曲，當你離開這個工作崗位的那一刻，這個令你不悅的人或事件就從此不存在我們的生命當中了，所以現在的憤怒或難過情緒也就白費力氣了～ 不如把力氣用在對未來有幫助的事上 ！

3.我明白： 我擁有生氣等情緒表達的權利，也擁有快速脱離這些負面情緒的能力。

4.瞭解到世事無常才是常態，不如順勢而為，輕鬆以對吧 ！

8. 開放的心，互信互諒

一位朋友跟我分享他在公司的採購選商會議中觀察到的現象。這次選商的主題是要更換公司合作的清潔公司，現場來了三家清潔公司進行服務簡報，隨後由各部門推派的代表，針對參選公司服務項目提出問題。其中一位年輕的人資主管提出了一個問題：「請問貴公司清潔阿姨平均年齡？」三家清潔公司依序回答，第一家答四十幾歲，第二家回答五十幾歲……這時突然聽見這位年輕的人資主管發出了一個疑慮的聲音：喔！

我這位朋友當下覺得尷尬，人資竟然對平均五十幾歲的清潔阿姨有能力上的懷疑！重點是身為人資，怎麼還能這麼直接的對員工年齡表態？真正讓朋友心有戚戚焉的是，他自己也是一位步入五十歲的中高齡員工……或許公司主管們並不覺得自己有年齡歧視的問題，但是在某些時刻，仍然會因為員工的年齡而產生不同的判斷和想法。我的朋友就感受頗深，因為他認為自己的主管，完全不考慮他在公司的發展和是否有成長，只把一些沒人要做的工作塞給他，主管的算盤是：有一個人力總比沒人力好，這個員工是可以做事的，但不需要再發展他了，對中高齡員工來說，能繼續保有一份穩定的工作應該就很滿足了。

另一個故事，發生在一位五十歲出頭在外商公司擔任高階主管的A君身上，A君帶領一個上百人的團隊多年，一直戰戰兢兢地為公司付出，不推責也會主動承攬別的部門不願意做的工作，部屬看在眼裡都認為A君是個不折不扣的台灣阿信。大家原以為A君這麼奉獻自己，應該可以穩坐到退休，沒想到仍然敵不過現實的浪潮，在一場人事命令當中，昔日的部屬被拔擢取代了自己原本的職權，而自己只留下了一小塊的管轄範圍。

部屬看在眼裡，紛紛為A君感到不捨與不平，然而A君似乎能夠坦然接受這樣的安排，因為他很早就做了心理準備，知道總是會有曲終人散、下台落幕的一天，對A君來說，能持續為公司帶來貢獻，才是有意義的，或許改變一下，也能夠看到不同的風景。

很佩服A君的勇氣和顧全大局開放的心態。如果我們不能改變環境，至少可以改變自己的心態。然而身為資深員工的我們，在體諒並配合公司為了組織活化，所做出犧牲員工權益的安排，是否公司也能以開放的心重新審視這些資深員工能為公司帶來的效益是什麼，然後妥善安排仍能讓他們發揮己力持續貢獻的任務，而不是單方面地以為資深員工將阻礙公司進步和成長，所以除之為快，或者發配邊疆不再重用給予有意義的任務，想藉此讓他們知難而退！少子化的來臨，年輕人將減少，屆時將很難聘僱到足夠的年輕員工，因此人資單位在儲備公司人力資源時，建議可以考慮活化資深有專業及能力的員工。資深員工應該是公司的資產而不是負債，新進及年輕的員工將以資深員工的際遇做為評估自己是否可以在這間公司獲得長期且受尊重的工作保障。試想，如果你看到周遭資深且為公司打拼付出多年的同事，最後都不得善終，被迫離開，那麼現在的你還願意多花心力為公司賣命嗎？

介紹完了資深上班族該如何為自己創造價值，並且勇於開拓第二人生，接下來要進入整體社會及企業組織可以如何活用中高齡員工智慧資產，共同創造金色經濟的部份。因為創造互利互惠的職場環境，不只是政府或個人的責任，面對高齡化社會的來臨，打造金色經濟人人有責！

本節重點：

1.或許改變一下，也能夠看到不同的風景。

2.如果我們不能改變環境，至少可以改變自己的心態。

3.資深員工是公司的資產而不是負債。

打造金色經濟藍圖

第七章　國外安可職涯現況

日本

1. 邁入高齡化社會 人口減少

日本人口每年正以三十萬人的幅度縮減，在壽命不斷延長，但出生率持續降低等重要指標共同影響下，日本社會已逐漸面臨勞動力短缺的困境。日本官方統計數字指出，若按此趨勢，該國人口將在今後四十年內從目前的一點二七億人口下降至八千八百萬，降幅高達三成。日本和台灣鄰近，台灣也受到日本文化和生活模式影響，因此日本社會發展一直是我們高度關注的指標之一，所以其人口發展過程將可以成為台灣借鏡。

2. 養老成本提高 銀髮族犯罪率提高

日本是個高齡社會，根據當局統計，六十五歲以上人口約占總數二十六點七%，但由於養老成本過高，不少日本銀髮族想藉由偷竊，進監獄養老換得溫飽。有專家稱，日本監獄最終會被老年囚犯占領。根據犯罪數據，日本犯下偷竊罪的人，有三十五%超過六十歲，而在這個年齡層，有四十%的慣犯會犯下同樣的罪行達六次以上。進一步有報告合理懷疑，偷竊罪案件之所以增加，是因為這些罪犯想進監獄享受免費的食物、住宿及醫療保健。東京日生基礎研究所（NLI Research Institute）專研社會發展的土堤內昭雄（Akio Doteuchi）就說過：「慣犯比例將上升，日本社會型態迫使老人走向犯罪，監獄系統最終將被老年囚犯占領。」

這是否聽起來令人很匪夷所思？如果不是生命正受到危及，有誰會為了圖一個溫飽寧可選擇失去可貴的自由？如果沒有孩子可以奉養，再加上沒有持續的收入生活，在注重人權的民主國家，或許鋌而走險就成了一種謀生的方式。仔細探究其背後原因，如果可以有選擇，年長者絕對不會走這途徑，讓自己的晚年生活在監獄裡度過，然後黯淡地死去。如果可以有繼續賺取生活費的機會和能力，這些年長的偷竊者是否會有不同的選擇？

3.「在職老年人」增加

面對高齡化社會，退休後是否要繼續工作就成為社會一大議題。根據日本機構的調查顯示，靠近退休年齡的五十～六十四歲正式員工中，有約八十％想要繼續工作，原因主要為「維持生計」，可能是在教育費、房貸增加的背景下，擔憂晚年收入的人不少。根據報導，日本明治安田生活福祉研究所分析，在養老金可能延後發放的背景下，許多人打算在退休後確保最低限度的收入。且隨著年紀的提高，人們也越來越追求與社會連結以及充實的過生活。該次調查詢問了六千兩百五十名男女，將年齡層和有無工作等因子篩選後，以即將退休前兩千五百名正式員工為主要對象進行調查「退休後是否想繼續工作？」回答了「想繼續工作」的五十～六十四歲男性比例約在七十％至八十三％之間；

五十～六十四歲女性則是在七十五％至八十％之間。

整體來看，雖然有約八十％的五十～六十四歲正式員工想要繼續工作，但男女均有約二十％是「想工作但沒辦法」，主要因為找不到工作、身體衰老和需要照顧家人等。這群五十～六十歲上下的人，許多仍負擔家中經濟來源，特別是晚婚晚生育者，孩子的教育費仍是一大支出，同時本身父母親也漸漸年邁，不但沒有收入來源，還可能增加家庭醫療及照護費用支出；而想要繼續工作的主要理由為「維持生計」，其次為「生活規律和人生價值」，但以六十多歲男性來看，六十～六十四歲最多人選「維持生計」，六十五～六十九歲則是選「生活規律和人生價值」較多。這部分顯示，六十歲仍然須為生活而工作的大有人在，雖然退休年齡延至六十五歲，然而六十歲以上要找到適合的工作也不是件容易的事。

《共同社》報導，日本總務省調查，二零一六年六十五歲以上的「在職老年人」佔全體在職人員的十一點九％，其中有三百零一萬人屬於臨時工等非正式僱用的形式，此人數是兩千零六年的二點五倍，顯示出老人在社會中發揮一定作用的情況。總務省表示，老年人的工作意願較高，加上願意僱用的企業也在增加。而這部分正是台灣政府及社會需要重視及努力的方向：

如何提高中老年人成功被企業僱用的機會，使其能持續發揮所長，既對社會做出貢獻，又能為自己賺取足夠的生活費用，享有尊嚴而自在的晚年生活？

因此，在日本邁入高齡化趨勢，越來越多國家也計畫將退休年齡延後，日本首相安倍晉三要推日本「終身不退休社會」，鼓勵年長者「緩退」，增加停留在工作崗位的時間，並將此納入「工作方式」的改革方案中。安倍表示，隨著在職人口退休，國家稅收將減少，相關改革需儘速開始執行，以抗衡日益明顯的高齡化社會趨勢，將打造無論到多大年紀，只要有意願就可以參加工作的「終身不退休」環境。而對此，安倍的一項重要的經濟成就便是提高勞動力參與度，其中，除越來越多婦女投入工作，六十五歲以上勞動參與率更從十九點九％增加到二十三點五％。日本的大動作準備，不是沒有道理，而是他們已經嗅到人口失衡及高齡化社會即將帶來國家經濟力的衝擊，現在不做，恐怕緩不濟急！

南韓

1. 下流老人問題日益嚴重

南韓成為經濟合作暨發展組織（OECD）成員中老年人最高貧困率和自殺率的國家，主要原因是南韓的養老金體系被認為是亞洲最不健全的制度，經合組織數據顯示，二零一五年四十五歲以上的南韓人中有四十五點七％生活在貧困中，是所有成員國中最多的，遠高於日本的十九點六％。老年貧困不只可能誘發犯罪，自殺率的提高也是不容忽視的社會問題，對於打拼了大半輩子，理當要安養餘年之際，卻發覺自己連求個溫飽都有困難了，於是難掩擔憂以及對人生絕望之情，自殺就成了解脫之計。

新聞報導指出，現在六十～八十歲的南韓人是最後一代會拿錢回家給父母的人，因為他們這一代的孩子自己都陷入薪資漲幅趕不上高物價的社會窘境，加上消費模式沒有上一代人那麼節儉，根本不可能養育父母。於是南韓年輕人現在的觀念變成老年人應該是由國家支持，而不是家庭支持。養老金制度不佳造成南韓人不敢退休，七十～七十四歲人口中高達三十三點一％的人仍在工作，是OECD國家平均的兩倍多。此外，七十五歲以上的南韓人中有十九點二%仍在工作，是OECD國家的四倍。報導中還點出一個問題是，南韓合法的退休年齡是六十歲，但是很多企業會逼迫南韓人五十多歲就提前退休，這一點倒是和台灣現況有相似之處，仍需要工作收入的中高齡族群被迫從職場退出，又沒有足夠的退休金支撐生活花費，當儲蓄消耗殆盡，沒有子女奉養金，生活遂逐漸拮据而淪為下流老人。如果離開職場意味著生活將陷入貧困，那麼長壽似乎並不是一種祝福，反而是詛咒。南韓到一九九九年才推出強制性的養老金制度，因此許多老年人僅能仰賴基本津貼。人口老化無疑是對政府的巨大挑戰，為解決老化社會的種種問題，南韓宣布提高基本養老金，將六十五歲開始的政府津貼增加到三十萬韓圜，此外政府也正在推動國家養老金改革，但這些都是緩不濟急的政策，若能有效提供中高齡人口的就業率，才能真正解決因人口老化造成的社會經濟問題。

2. 只雇五十五歲以上員工，營收破億的南韓企業Ever Young

南韓因為年金制度不健全，且中年失業情況嚴重，許多五十歲的人工作不是為了自我實現，而是為了生存，他們必須要想辦法留在職場，什麼工作他們都願意做。南韓的六十五歲以上的勞動參與率在亞洲各國中是最高的，有三十一點五%，日本約二十五%，台灣則只有八點五%。南韓社會企業家鄭恩頌在邁入五十歲的那一年創辦了「Ever Young」，一家專做網路內容監測的高科技公司，他們只雇用五十五歲以上的熟齡人士。鄭恩頌提到只雇五十五歲以上員工的原因：「即便他們願意投入，社會也不一定願意給他們機會，這就是我為什麼要創辦Ever Young的原因。」「Ever Young」透過重新設計工作制度，例如輪班工時制，讓熟齡者不需要一天八小時被綁在工作上，可以在擁有持續實現自我價值之餘，又能夠兼顧照顧孫子、與朋友玩樂等休閒活動，用實際行動彰顯熟齡工作者的潛力和價值並且換取經濟上獨立自主的尊嚴，這點相當值得台灣學習和借鏡。我看到許多中高齡族群，在市場上只能找到低階辛苦的勞力工作。然而在身體健康逐漸下滑及體力不能負荷長期工作的壓力下，許多人根本沒辦法勝任粗重的體力活，於是若沒存夠老本，也沒有孝順且有能力奉養自己的兒女，到了晚年則坐吃山空，晚景堪慮！這需要的是政府及企業界共同來協助，建立起更開放友善且能符合中高齡持續留在職場上的環境，讓熟齡者透過工作再設計能延續原本專長，甚至開發自己第二、第三專長以實現自我理想，又能有尊嚴地提供自己的價值以換取退休收入。在人口逐漸老化的台灣，這絕對是增進社會經濟產值的共好模式。

美國

1. 全球電商龍頭亞馬遜替員工做「下一份工作」的職前訓練

亞馬遜提出關於公司培訓員工的策略，將其命名為「亞馬遜職業選擇計畫」，不僅將為員工預付九十五%的學費與教科書費用（四年內最高可達12,000美元，約新台幣三十六萬元），學習完成還可獲得相關證書和學士學位。有超過16,000名亞馬遜員工參與了十多個國家的職業選擇計畫，為什麼亞馬遜要做這些事？難道不怕員工受訓完就離開了亞馬遜投奔其它公司？其實亞馬遜認為藉由職訓替員工做好「下一份工作」的準備以創造員工的無限潛能，將締造良好社會企業形象。而當員工因種種原因必須離開公司時，也不至於徬徨無助，對公司產生怨懟。因此Linked In公布二零一八年專業人士最想去上班的美國企業排行榜中，亞馬遜硬是擠下了去年冠軍Alphabet，成為求職人士心目中的首選。亞馬遜的創新做法，值得企業界參考。尤其在少子化、高齡化國家，為員工打造第二、第三專長以因應公司成長的變遷。或是公司因營業需求不得不將員工工作轉任或裁員，例如機器人時代來臨，許多職務將面臨轉型或淘汰，以及中高齡員工不再適用原單位而必須轉調或離職，諸如此類的外在環境造成的必須異動，都足以影響員工的生計。倘若企業能讓員工在職培養第二、第三專長以因應可能突發狀況，對內可以機動性調整員工職務，以有效利用公司人力，對外亦肩負起社會責任，讓員工因故不得不離開時，仍然有自信及能力找到其他工作機會，將可減少必須裁員的負面影響，這對公司形象大有幫助，同時也對於整體社會人力資源再利用作出了貢獻。

有些大型企業在組織整頓的過程當中，會由ＨＲ進行面談輔導以降低員工排斥心理，甚至會請外部專業的職涯顧問或生涯轉換教練來對員工進行未來工作的輔導，以協助其成功轉換下個新工作。成功的離職面談會協助員工看到自己的優勢，然後有勇氣朝向下一份工作或心中蘊藏已久的夢想。不過，絕大多數企業並沒有資源投入這一塊，或者即使做了離職面談，也只是告訴員工：很抱歉，公司因為某某緣故，必須要讓你離開，一切將比照勞基法辦理。

好一點的會提前與員工溝通並給予優於勞基法的離職金，差一點的，就冷冰冰的突然在某一天，由人資通知員工就做到今天了，然後立刻結算並將員工所有權限取消。如此作法，員工當然不能接受，但也只能默默的抱著委屈離開，然後為著日後的生計煩惱不已，也無形中製造了隱藏的社會問題。

因此，像亞馬遜這種作法很值得讚許，不但培養員工多元能力，可以符合電商企業求新求變的需要，一旦面臨組織重整必須讓部分員工離開時，因為員工已經培養了多重能力和自信心，自然有能力去尋求下一份工作而不會對公司產生不滿。亞馬遜不但成功賺到了裡子，更賺到了良好的社會形象，可以吸納更多好的人才投入。

2. 美國「安可職涯」組織

在美國有許多組織致力於協助中高齡者找到下半場人生可以發揮的目標及工作，協助他們成功找到「安可職涯」：

例如協助五十歲以上有意願工作者進入安可職涯（企業中高齡實習機會安排）；職業假期公司（協助中高齡工作者尋找業界指導者見習，以體驗夢想中的工作）；另有許多官方或民間組織協助資深且願意提供指導的企業家與發展中的公司媒合；為擁有專長技能的志願者牽線，讓他們可以貢獻於非營利組織及社會企業等。

這些營利或非營利組織，部分可提供時薪或專案顧問費等津貼，讓中高齡工作者在退休之際，仍可以一邊繼續發揮所長，一邊做好事甚至圓其夢想，且仍可以獲取收入，擁有自主與尊嚴的下半場人生。

第八章 台灣現況及未來趨勢

1. 高齡化速度居冠

全球正面對高齡化問題，有學者指出，台灣可能會在二零五六年時成為「全球最老」的國家。然而，根據國發會的推估，台灣高齡化的速度遠逾歐美各國，目前只要五點六個青壯人口扶養一位老年人口；但四十五年後，將是一點三人扶養一人。依國發會在二零一八年八月公布的「中華民國人口推估」顯示，在二零一八年進入高齡社會（老年人口比大於十四%），而在八年後的二零二六年，將再邁入超高齡社會（老年人口比大於二十%）。比日、德、義的十一年、三十六年、十九年都還快。這樣的人口結構，將嚴重影響社會的生產力，也將會讓國家的大部分資源用於老年人口的照護而形成龐大負擔。於是，時有社會新聞傳出中高齡子女或失業子女因不堪照顧年邁失能父母的長期身心壓力，最後選擇自殺甚至與父母一起同歸於盡的人倫悲劇。

2.高齡雇用配套不足

除了高齡化問題之外，少子化的趨勢也日趨嚴重，老後生活和照顧已逐漸成為所有人將面對的重大議題。面臨銀色海嘯撲面而來，台灣的老年人口將在十年後突破二十%，成為世界「老最快」的國家，為數眾多的銀髮族還可能必須留在職場，但是否能有機會持續做著想做的工作以實現自我，並且擁有收入來創造健康富足的長壽人生？根據高齡化政策暨產業發展協會（簡稱高發會）公布全台第一份「企業銀髮力大調查」，針對五千大企業的抽樣調查顯示，高齡雇用在台灣仍在原點踏步，六十五歲以上的員工，一家企業平均只有三位，甚至五成五的企業聘用人數為零。進一步分析聘用銀髮族的企業，高齡員工卻是以從事「三K任務（髒亂、危險、辛苦）」居多，且每週工時必須達四十小時以上，與一般正職無異。一家知名金融業代表坦言，企業大多希望朝結構年輕化發展，聘用高齡員工對他們而言，並不是一項值得花費的投資。

這份調查正顯示台灣社會及企業即將面臨的危機，少子化造成年輕人力不敷企業使用，找不到適合的人才將成為企業的痛點，然而台灣企業普遍未警覺或認知到這個問題，仍一心傾向雇用年輕員工，並未提供友善且適合的職場環境供資深工作者發展，因此出現人才斷層現象；在社會層面，中高齡員工或因組織因素、自身健康和家庭因素而無法持續留任職場，但又有經濟上的壓力和需求，離開職場後若沒有辦法找到足以支撐經濟和兼顧家庭、健康的方法，往往容易陷入困境，於是造就許多《下流老人》。

第九章　金色經濟概念介紹

在觀察台灣社會現象，參考國際各種作法後，筆者歸納出以下系統模式，我把它稱之為「金色經濟」，以有別於銀髮商機。「金色經濟」意旨人人都應該提前規劃人生下半場，不要等到被迫離開職場時才開始準備，還在職時就應該思考了，藉由個人自覺及社會體制完善建立以無縫接軌，持續發揮個人潛能，不但能完成一己未竟之夢想，又能夠創造持續收入，擁有自主及有尊嚴的半退休生活，同時創造自我價值以帶動社會另類經濟，稱之為「金色經濟」！

深切相信若能妥善運用於台灣社會，應該可帶動整體經濟以有效因應高齡及少子化社會所帶來的衝擊：

金色經濟三大特色

1. 自我覺醒，提前準備：

將個人第二生涯規畫時間由即將退休前，提前至仍在公司體系擔任正職期間，年齡約三十五歲以上即可開始進入金色經濟規劃準備期。

2. 建立完善社會機制：

延續個人職場生涯，藉由工作、職務再設計以有效及彈性運用資深人力，減少人才斷層又能發揮資深人力的專業，使其適才適所，再創金色職涯。

3. 創造下半場人生價值：

提供可結合個人夢想並創造其生產力的訓練及就業機會，使資深人力能持續對社會產生貢獻又能實現其夢想，並且獲取收入以擁有充實滿足的第二人生。

個人方面：

1. 個人自我察覺，提早規劃準備第二生涯

絕大部分的職場上班族，除了被繁瑣的工作給淹沒，再加上處理不完的家庭事務、父母及兒女的照顧和教養問題，每天忙得不可開交，日子也就這麼一天又一天的過去了。猛然抬頭才驚覺自己已經四十好幾，生活沒什麼改變，口袋一樣空，工作一樣沒有成長，等到有一天接到公司優退或裁員通知，才發現自己唯一仰賴的工作沒有了，不知道下一步該何去何從……幸運一點的，仍努力地撐在既有崗位上，礙於經濟壓力不敢離開，於是必須繼續忍受慣老闆的無理要求、壞脾氣、不重視，甚至會把你打入冷宮冰凍起來，但是這種為了五斗米折腰而不得不隱忍的工作環境，其實對身心都是有害的，長期下來我們會失去對工作的熱情，找不到人生努力的意義為何，更可怕的是對自我信心的摧殘，在被上司評斷工作績效不佳的情況下，於是真的認為自己能力是不足的，也沒有辦法再找到其他謀生的方式了。如果我們能夠提早準備，無論是在財務後盾、下一份工作可能性的思考和專業的學習上，以及生活方式的精簡和改變，這都足以讓我們在面臨職場危機時，可以從容不迫、優雅離場。惟有隨時做好準備，才能從容面對未知的挑戰。

第二生涯可以是第一職涯的延伸，也可以是跨領域甚至全新的方向，重點是必須符合個人興趣，能有所發揮並且具備可持續性，亦即可以做到終老的理想工作。很多時候，縱使我們想要延續原專業繼續發展，但總是沒有辦法再有所突破，曾聽到一些職場人的回饋：

「這是我多年的專業，我一直是做這方面的，我只會作這個工作，其它的事我不擅長！」

「我在這個領域或這間公司累積了這麼久，不能說放棄就放棄。」

「我不知道自己想做什麼，但我很清楚知道自己不想做什麼。」

對於這些朋友，很了解自己的優勢在哪裡，並且願意努力堅持自己的本業，我感到相當佩服！如果能在自己熟悉又掌握度高的專業上持續付出，理當會走出職場的一片天，不過，在這個變化迅速的時代，如果只具備一種能力，將會是件很有風險的事。今天具備的能力，不能保證可以讓你一輩子靠這個吃飯，因此，及早思考並準備第二、第三專長，這是非常重要的事。

特別是在準備下半場人生欲轉換的職涯時，這第二、第三專長務必與我們的興趣和終極人生目標做結合，惟有這樣才能持久的學習，不至於因為短期間看不到成效就輕易放棄。在尋找第二職涯的準備期，請容許自己多方嘗試，主動尋找有興趣的領域，因為是做自己有興趣的事，就算正職工作再忙，也不會覺得著手學習或接觸第二專長是很累的差事，反而會因為時間很有限，更加專注的有效運用時間在第二專長的學習上。在一開始摸索的過程中，我做了很多的嘗試，絕大多數也都是以失敗收場。不斷摸索以及等待開花結果的過程相當的煎熬，因為每天仍有例行的工作及家務事要做，真正能專注在第二職涯上的準備和付出時間有限，因此可達成的效果也就進程緩慢。過程中常因看不到第二職涯成長的曙光，難免會產生自我懷疑，也容易出現想要放棄的念頭，這時候，唯有自己才是最能了解真實狀況的人，旁人看你好似沒什麼成長，然而其實只要保持清晰的腦袋，持續朝著正確的目標前進，就像鴨子划水一般，水面上看似平靜無奇，水面下卻能看到鴨子的兩條腿不斷地在擺動，不知不覺就越游越遠了。因此，邁入金色職涯的第一步是：提前自我察覺需求，然後不斷嘗試摸索及學習，找出符合自己人生價值觀的興趣和目標，接下來便勇敢地跨出去，不要過度擔心。關於「機會」這件事，不被動等待，主動為自己創造多元的機會。好事總是多磨，強摘的果實不甜，與其勉強摘下刺手的耀眼紅玫瑰，寧願選用清新的百合或小雛菊，一樣可以達成妝點人生的效果，適合的機會自然就會到來，不適合的人或事物也就自然的散去了。在這個階段，不需要太在意他人的眼光和評斷，時間寶貴稍縱即逝，應該將時間花在刀口上，只求每一次都盡心盡力，不過度期待，也不妄自菲薄，專注在自己可以控制和掌握的事上，然後學習像鴨子划水般，緩慢地朝著目標前進！

2. 尋求家庭支持和外部資源

在規劃第二職涯的摸索和準備期，擁有另一半和家人的支持相當重要。嘗試與家人說說自己的想法，讓他們擁有共同的目標，並且規畫可能遇見的未來。但是很多時候，家人對於冒險這件事是持反對意見的，深怕你一個不小心就讓家庭陷入困境。因此，採取緩慢漸進方式，然後時時溝通進度和展現階段性成果給最親密的支持者，尤其是配偶之間，則是穩定彼此情緒的好方法。一旦時候到了，必須正式轉入第二職涯時，有可能收入會頓時減少，或因為創業初期會有一段時間暫時沒有收入，這時候配偶的支持就格外重要了。通常不會建議夫妻兩人同時離開職場，先由一人出來冒險，而另一位則留在職場成為後盾。如果這個夢想只是你一個人的目標，沒有獲得家人的支持，往往走到一半時，容易因為阻礙出現而產生自我懷疑，最後無疾而終，因此，就算這個夢想起初只是你一個人的，建議在夫妻關係中建立起共識，能夠成為兩個人共同努力的目標，才能同心協力，突破各種障礙和困難。

如果很難讓家人對你的夢想產生共鳴，給予支持，則尋求一些專業的協助也不失為正向助力。

在摸索階段，可以廣為接觸相關領域人士，看看自己是否喜歡投入這樣的工作，學習欲達成目標所需具備的知識和技能，向成功人士請益。有時候旁觀者清，旁人比較能針對你的職涯及人生規劃給予較中肯的建議，也可以和專業職涯顧問、生涯轉換教練聊聊，透過專業的引導，可以讓你更清楚自己的優勢和潛在價值觀，激發出人生下半場可以有所發揮及貢獻的理想目標。尋夢的階段，需要的是一顆開放及不怕受挫的心，願意在忍耐中不斷儲備能量，然後將能量集中在幾個可行的方向，順勢而為。第二職涯的準備就像是我們播下了一把種子在土裡，每天重複澆水施肥後，仍按部就班地去上班工作，一開始無法得知這些種子會不會發芽，但如果因為沒看到芽出土，就輕言放棄不再持續澆水施肥了，那麼還能期待有一天芽會自己冒出來嗎？相反地，如果仍持續重複澆水施肥，這些種子可能會在不經意的情況下突然冒出芽來，你不會知道哪些芽可以長大成為一棵樹。因此，以開放好奇的心，種下多顆「生涯轉換」的種子吧，相信它必定能在不久的將來，成為你離開職場後遮風避雨的大樹～

值得一提的是，請遠離負面能量的人，還有消耗你精神的朋友。這並不是要我們見利忘義，不與人為善；而是指，當你發現這個人無法為你的生命帶來正面影響力，而且當你和他在一起時容易消耗許多金錢和時間，卻沒有因此得到成長，反而佔據了原本該按部就班完成目標的時間，這時候就會需要判斷一下是否該調整這樣的社交模式。朋友貴在精、不在多，純吃飯聊天的朋友對這個時期的我來說，只能偶爾為之，因為必須把時間妥善分配，寧願把時間省下來陪伴家人，也不多花時間從事無意義的社交活動。

在企業方面：彈性運用資深人力，使其真正發揮產能和效益

目前勞動部勞動力發展署在各就業服務處規劃了一系列針對中高齡及銀髮工作者所提供的諮詢服務、就業博覽會以及對企業雇用中高齡員工的補助計畫，對於有意願提供中高齡工作機會的企業也提供了職務再設計的輔導。政策立意雖美，看似已經做足了中高齡人力運用協助方案，但為何仍看到許多中高齡工作者面臨職涯中斷，無法再發揮己力，對社會持續貢獻，反而因為工作突然被迫中斷，使經濟出現缺口，家庭陷入危機的案件層出不窮？在觀察身邊這

個年齡層許多資深工作者的際遇，並透過實際訪談資深工作者，瞭解各公司在運用資深人力上的做法和實際運作狀況後，歸納出一些發現：目前台灣的企業仍傾向雇用年輕低薪員工，對於中高齡員工晉用並非首要之選，企業普遍認為資深員工薪資要求高，卻生產力不足，常帶有既定的想法和過去的經驗，難以放下自我、重新學習，為了保持公司年輕化和競爭力，因而雇用年輕可塑性高且相對成本低廉的員工。這樣的想法或許其來有自，許多資深工作者到了中高齡仍維持過去的方法在做事，無法放下身段也不輕易改變既有想法，缺乏彈性應變能力，遂成為組織中的雞肋。仔細探究背後原因，是什麼原因讓這些曾經為公司效力多年的資深員工變得不太受公司重用，只能勉強留在原地打轉，漸漸對工作的熱忱不在，公司也不願再花時間金錢培養這群資深員工，反而寧願選擇以各種優退、資遣或逼退的方式，也要汰換新血進來？想要年輕化以及節省成本應該是組織最大的目的。企業常美其名說為了活化組織、汰弱留強，會使用一些方法，比方說以不適任為由來進行裁員的目的，若員工因此自行離職，則省了資遣費更好。殊不知招募的成本非常高，尤其要找到有能力、適合公司文化又有向心力的員工更是談何容易？如果只是為了節省人力成本而裁掉資深員工，則往往錯估了招募和培養適合公司人才所需花費的時間和金錢，因為優秀的人才比比皆是，但是能留在貴企業的又有多少呢？

這樣的人資安排或許現在還行得通，但是在可預見的將來，年輕人力將逐漸減少，原因有兩個：主要原因即是受到少子化影響，另一個則是因為台灣低薪環境造成優秀人才逐漸外移，甚至服務業人力也有招募不易的問題。由此可以預見在不久的未來，企業一股腦兒地只想雇用年輕優秀又低成本的員工將會是很大的挑戰。

面對即將到來的人力衝擊，台灣社會氛圍也開始注意到如何能讓中高齡員工可以繼續留在職場的議題，這是件好事！因此出現一些家庭照護配套，例如高齡父母及孩子的照顧、家事協助、員工身體及職場心理健康等EAP員工協助方案項目，這些措施都能對促進中高齡員工留在職場產生一定的效果。雖然目前企業觀望多、投資少，但是至少已經有企業開始注意到這個問題並且思考配套措施。除了硬體的提供，觀察目前職場資深員工實際工作現況，其實真正能影響資深員工去留的，恐怕還是管理層面的問題。即使各項福利、待遇及照護配套都非常完善，如果仍需處在一個高壓、緊繃，讓人不舒服的工作氛圍，一樣沒有辦法留住這些資深員工。因為到了一定的年紀，很多時候，金錢已經不是唯一的考量了，健康、家庭和平衡的生活才是中高齡員工追求的目標，還有一項非常重要！就是尊重。沒有人到老了還想被當奴才使喚～

因此，建議企業可以從幾個面向來著手以彈性運用資深人力，並使資深人力能真正發揮其產能和效益：

1. 提升資深員工對工作的熱情和動力

a. 給予自主與信任授權

主管應放下對資深員工既定印象，例如擔心資深員工能力強會功高震主或是認為資深員工意見多、難管教以及對於資深員工工作上放大檢視、百般挑剔等想法，因為這足以傷害團隊互信基礎，也是影響員工工作熱情和動力的主要原因。資深員工低成就感以及不覺得受到公司重視，所以選擇退到後方成為無聲音、無感覺的人，再加上這時候公司並不會考量資深員工的志趣和發展方向，於是成為一個工具人，任由主管亂塞一些不重要的工作或是不考慮其能力和意願就任意調動職務，造成工作熱情不再，也因此主管就更認定是其績效不佳的表現，這其實是惡性循環下的因果關係：公司長期的不重視資深員工發展、主管未給予適才適所的舞台，並且未建立互信尊重的職場環境，員工找不到成就感，一種人是選擇自我放棄任由組織安排以符合公司需求；另一種極端則是極力抗爭，結果被組織高層視為難搞的人物，最終被迫離開職場。

員工會缺乏工作熱情和動力，和他的年齡或年資無關，最主要的原因還是在主管身上。好的主管是個領導者，可以看到員工優點，激發員工潛能；平庸的主管是個管理者，照本宣科依照組織規章加以控制和管理員工。資深員工需要的是更尊重、平等的關係，而不是如同帶兵般的權威式領導。如果每一位主管都是領導者而不只是管理者，那麼看待資深員工的角度就不一樣了，自然不會產生資深員工無法有更多績效，對公司是個包袱這種想法；同時，對於很多優秀、願意付出的資深員工來說，能夠受到尊重信任、從事有意義有價值的工作，更勝於金錢的獎勵。很多時候，企業花了大把銀子讓主管接受高層次的領導統御訓練，然而在實務上，真正能掌握到領導人精神並加以落實的管理者又有多少？訪談一些有能力的資深員工為何無法對工作持續展現熱情，有一個原因竟然是，覺得主管的帶人方式已經跟不上時代，另外也覺得主管一昧地要求員工、以放大鏡來檢視員工，但是主管本身的職能並未同步提升，因此對於員工來說，為了餬一口飯，並不敢提供諫言，但心中未免不服氣：你只是坐上這個位置而已，並不是樣樣精通，永遠都是對的！主管們永遠聽不到真話，因為員工會直接用離職來表達他們的不滿，就算到離職的最後一天，不想和前老闆撕破臉，多半還是選擇好聚好散，也因此HR的離職面談只是形式，並沒有人會說真話，因為認為公司也不並想聽實話。因此，這些主管們也就自我感覺良好，渾然不自覺自己才是阻礙組織進步的絆腳石～對於組織來說，如果公司及主管們願意傾聽資深員工的聲音，以開放的心胸營造良性互動，會發覺資深員工對公司的觀察往往是很敏銳的，如果能妥善運用資深員工的溝通能力和影響力，確實能使組織運作更為順利，當然，前提是，身為優秀的領導者，應該可以分辨那些是諫言，而哪些只是讒言～

b. 資深員工職務多元設計及適才適所

在公司任職多年的資深員工非常了解組織運作，也擅於內部溝通協調，若能妥善運用其專長並給予專業尊重和成就感，相信仍能為組織帶來效益而非負擔。但是由於家庭照顧需要或是自身健康因素，許多資深員工無法負荷需長期加班或壓力大、步調緊湊的工作內容，造成工作效力不彰，這時候若能重新設計符合其專長及志趣又在其可負擔範圍的工作量，這樣必定能形成公司、員工雙贏局面。例如：重新調整職務內容轉為專業性任務而非主管職、採彈性部分工時制、專注在運用其專長、減少繁鎖例行事務等。主管需體認到資深員工是輔佐你的良師益友，而不是你需要擔心被取代的競爭對手，更不是需要透過管教才能達成部門目標的員工，惟有透過平等的夥伴關係才可以讓資深員工們甘願掏心掏肺，毫無保留的持續付出熱忱在工作崗位上。股神華倫.巴菲特及華爾街、美國名人最愛的牛排館Smith & Wollensky創辦人艾倫.斯蒂爾曼曾說過，資深員工是他們高品質服務的關鍵，努力創造平等的發言文化和不斷成長且讓資深員工引以為榮的環境，則是促發他們永保熱情的成功要素。在資深員工和後進年輕員工聘用及管理上，不需過於強調齊頭式平等且要求大家均需在每個項目上都要做到完美傑出，而是應採互補協調為主，強化各自優點後共同為組織創造最大效益。齊頭式平等使資深員工和新進及年輕員工形成競爭緊張關係，資深員工為了保全工作上不可取代性，無法以欣賞角度提攜後輩，容易出現倚老賣老、藏私等心態，不利於經驗傳承。若能去除資深員工所擔心的被取代、不受重視以及怕被公司一腳踢開的想法，而願意無私地傾囊相授，持續在工作上發光發熱，則仰賴組織高層願意建立一個老中青三代能互信互助的職場文化。這樣的職場環境能包容並滿足不同年齡層的需要，有效截長補短，一方面吸納並運用資深人才的專業，讓資深員工受到尊重因而激發其熱忱，同時年輕員工也能經由經驗導師的分享傳承，工作可以迅速上手而獲得成就感，也不至於發生因為遭到職場資深同事霸凌，認為前途無光而心生離職的念頭。在日本，因為老年化比台灣更嚴重，早有企業對於資深人才退休，而新生代又尚未成氣候，因而產生的斷層感到焦慮，於是紛紛重新回聘已退休的資深員工，回到職場擔任顧問指導，以傳承技術經驗並且和年輕員工形成互補，共同開發出符合需求的商品，這樣的資深員工職務再設計，值得台灣企業借鏡。

2. 建立一個老中青三代共同合作的職場文化

要建立一個老中青三代共同合作的職場環境，說起來簡單實際做起來卻沒那麼容易，最主要的癥結點在於管理者本身必須要有心，在組織文化上做很大的改變來因應這樣的需求和變化。

一般的領導者習慣以上對下的領導方式，這樣的模式或許初期運用在年輕員工身上還算管用，但是若要持續針對一些有經驗的資深員工們，採取這樣子的管理模式，不久就會得到很大的反彈，因為資深員工們需要的是更多的尊重。畢竟已經在職場有一定的歷練了，如果老闆和主管們仍然用對待小孩的方式在管理，這對於資深員工來說是非常難堪的，與其這樣痛苦的待在組織中，不如選擇離開組織。而現階段無法選擇離開組織而活的人，也會因為老闆和主管的無理對待，感到心灰意冷或忿忿不平，工作起來毫無動力與活力。這並不是說年輕員工就不需要得到尊重，很多年輕人在初入社會的時候還願意忍受主管和老闆的蠻橫無理，那是因為他們仍盼望能夠從主管和公司管理者身上得到一些學習，同時也渴望獲得晉升的機會，所以不得不咬著牙，忍受一些無理的要求和責備。然而對於資深員工來說，是否能夠待在一個做起事來快樂無負擔的工作環境，以便能夠有效地發揮自己的能力，有時遠比是否可以得到更多的獎勵或晉升機會來得重要，這完全仰賴主管是否能用尊重公平的角度來對待他們，而這也是能夠讓他們願意繼續無怨無悔的為公司付出的關鍵因素。很快地，企業主管們就會發現公司裡的員工年齡層越來越高，已經沒有什麼年輕人可以供你使喚了，慢慢逐漸演變成老人使喚老人的局面。我在四十歲出頭的時候，所待過的一間外商公司，那時候的主管很有遠見，會廣納一些即將離職或退休的資深員工到他的部門，而我也很有幸地，當時能夠在想要離職的時候，也被主管延攬到這個部門。當時覺得，很感謝主管願意給我這個機會，我應該可以在這裡發揮所長，對公司持續產生貢獻。然而，做了一陣子之後，發覺在組織中，尤其是小單位，總是會有一些瑣事是必須有人做的，那麼這些瑣事究竟是誰要做呢？既然大家都是資深有經驗的員工，瑣事當然就落到稍微年輕、職階較低的我身上了，常常要做一些安排會議，寫會議記錄，幫主管訂餐廳等等聯絡事項，協助一些年紀比較長的同事，他們不熟悉系統所以需要我來幫他們做一些系統的申請作業。偶爾做這些事情，其實我是很樂意的，因為確實他們做起來是比較吃力，而我雖然年紀也四十好幾，相較起來還是比較靈活，所以我也沒有排斥或推卸不做這些部門的瑣事，重點在於這時候主管是用什麼心態，在看待我所做的這些服務類的事務。主管如果對於我的協助他人處理瑣事，常常懷著正面感謝的心，而不會認為這些原本都是我應該做的，那麼就算花了我很多時間去服務這些資深同事，我也是很樂意的，但是如果我的主管看待這件事的角度，是因為年長的同事做不來，所以只好由你去做，可這些服務性的瑣事並不是你的績效，那麼就會讓人無法認同這樣子的工作內容，無法產生動機和動力去協助其他同事的工作。

當時我的小主管就是給我這樣的感覺，他常常指派一些資深年長同事無法負荷的瑣事給我，又常常暗示我做的這些支持性的服務，並無法成為我的個人績效。這中間是很弔詭的，如果要建立一個老中青三代合作的職場，那麼年輕的員工支持年長的員工所做的行為，應該要被獎勵，應該要被計算在他的績效裡，不然對於年輕員工來說，做這些事情不但沒有意義，反而會阻礙他的績效表現。因為當時的我已經決定要離開這間公司了，所以並不把我的個人績效看得太重要，而是把我能不能開心的、盡責任地在這間公司做到離開的最後一天為首要考量，所以我告訴自己不要太在意小主管的說法，我還是會盡量的去協助年長的員工以及其他需要協助的同事，讓他們工作能夠順暢。在此我想要表達的是，如果未來的企業想要打造一個融合年輕世代以及年長員工的職場環境，讓他們能夠互相幫助教學相長，那麼最重要的就是這些領導者及主管們的腦袋需要換一個，不管是年輕員工或是年長員工，都需要被重視及尊重，更需要被公平的對待。年長員工做不到的事，主管們必須去鼓勵並獎勵年輕員工來支持與協助，並從中得到學習的機會。而年長資深員工也要放下身段與年輕人一起學習新的事物，並且盡量能夠一視同仁的做到基本的部門行政事務，不要完全冀望由年輕人來承擔這些部門瑣事。因為對於一個員工來說，如果他只能夠做一些部門的瑣事，那麼他會感覺到很挫折，並且覺得毫無成長。在未來的老年化職場，這樣子的問題相信會越來越突顯，屆時辦公室裡面坐著的都是年長者，到時候還能指望誰去做這些不被重視的辦公室雜務呢？

因此，要活絡職場的人力資源，建立金色經濟制度，最重要的關鍵還是在管理者的身上。管理者是否能夠提供一個公平且讓大家能安心工作的環境，管理者是否已經調整好自己的管理模式，打破上對下的指導方式，採取「教練式領導方式」，讓年輕世代和資深世代並非競爭關係，而是互助互補的合作關係，方能夠一起攜手合作，共同為公司打拼！

附註：教練式領導

教練式領導指的是領導者不以傳統上對下的管理方法帶領團隊，而是由下往上鼓勵團隊合作與提出創新想法。教練式領導者擅長以支持者的角度，協助員工發揮潛能，進而達成組織目標。

3.未來工作藍圖：資深工作者期望能將夢想與工作結合並且持續為社會帶來貢獻

當雇用資深員工已儼然成為一種自然而必須的現象時，在「金色經濟」的概念前提下：人生下半場職涯規畫需與個人終極夢想和人生目標做結合，一方面能夠為自己創造持續性收入使老年生活無虞，另一方面能為企業產生價值並且為社會帶來貢獻。若是企業界能共襄盛舉，創造出符合資深工作者需求的圓夢職務，使其能繼續延伸原有專業又或是能夠有跨界學習的機會，將可以大幅提高工作媒合率及適用度。對於絕大多數想要經營下半場職涯的資深工作者來說，薪資或許不是唯一的考量。能再度從工作中獲得滿足感以及帶來正面意義的工作，同樣能激發出熱忱，同時活化其能力。

在美國已有許多提供高年級實習生機會的企業，也有企業專門從事夢想工作體驗的媒合，協助資深工作者到夢想企業或夢想工作體驗的機會。經由體驗及實習過程，資深工作者可以圓一己未竟之夢想，也能知道自己是否適任夢想中的工作。當然，有些夢想工作並非以高收入為目標，可以選擇到非營利機構任職或自行創立非營利組織和社會型企業，這也是許多資深工作者結合夢想和工作的理想下半場生涯規劃的途徑之一。

反觀台灣，這樣的思維和制度並未建立，許多資深工作者想要找到可以延續原專業的工作舞台難上加難，一般企業釋出的中高齡工作普遍是辛苦的勞動服務或一般基層行政庶務，工時長又單調，難以符合其身心狀態需求，又無法結合人生目的和價值觀，以致缺乏熱情和動力，充其量只是勉強混一口飯吃的工作而已。

台灣現況面臨三個問題：

企業面：

1. 企業釋出中高齡工作以基層及服務業為主，未能滿足不同求職者需求。
2. 企業仍傾向雇用年輕人，認為可塑性高，給予較多的機會。

求職者面：

1. 未提早規劃生涯轉換方向，導致中年失業，措手不及。且多半中年仍為家庭經濟支柱，一旦失業，恐將造成許多家庭及社會問題。
2. 中高齡後，被迫接受低薪低階工作而未能延續專業，發揮所長。

政策面：

1. 「一生在職」時代來臨：因應老人長壽、少子化以及政府財政緊縮，退休金準備不足，有必要延長工作壽命，以避免淪為「下流老人」。
2. 中高齡工作供需失衡，政府單位媒合率不高，需求者找不到合適且能延續專長並結合夢想具長期性的工作，企業釋出職缺以及友善環境不足。

綜上所述，筆者所提的「金色經濟」概念和藍圖如下，我們把它稱做「資深夢想家的圓夢計畫」，目的在創造一個能符合中高齡者及企業界彼此需求以促進經濟效益的商業模式：

計畫內容包含三種專業角色：

人力資源顧問：深入瞭解企業各階段需求，提供人力配置與有效運用資深工作者的能力及經驗以為公司帶來持續效益。

生涯轉換教練：透過課程、工作坊及團體教練、一對一教練諮詢、協助中年工作者提早規劃第二生涯。透過生涯轉換教練的啟發與引導，能激發潛能並找到人生下半場的夢想目標。因應中年「生涯轉換」規劃的需求，生涯轉換影響的範圍不僅是指單純的工作上改變，還包括了個人重新思考工作意義、價值觀、生活型態及其他議題，目前這方面社會提供資源不足。

安可職涯顧問：與中高齡工作者一起規劃並創造第二職涯的過程，滿足不同需要，以發揮中高齡工作者能力，打造個人金色職涯並且創造充實滿足的退休生活。

「安可職涯」：國外研究指出，美國約有九百萬人已經在退休後重新回到職場，另外還有三千一百萬人正在尋找這樣的機會。這些人雖然來自不同的地方，但不變的是，多數人希望在這個階

商業模式

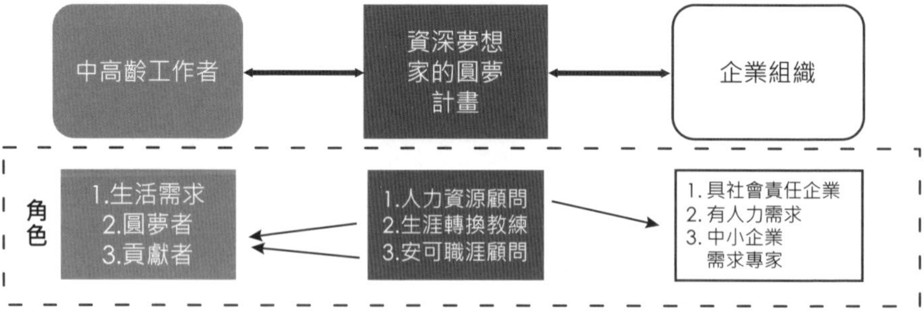

段不只賺取收入，也能為這個世界帶來一點改變。

在實務應用上，可針對不同需求的中高齡者(例如以賺取生活費為主，願意支付一些學習費用以參與夢想工作，或者學有專長可以成為顧問、講師或從事部分工時的專案及社會工作等)提供不同課程、訓練、諮詢及實習機會。首先透過生涯轉換諮詢或啟發課程，協助中高齡者找到人生下半場職涯目標，再依其目標和夢想，提供相關課程或訓練，訓練結束後依其需求(賺取收入、工作體驗、社會公益等)協助媒合適合的廠商，藉以提升中高齡者的自我實現價值及再造工作能力，以創造更大的社會經濟效益，如此不但能夠減少社會負擔，降低後代子孫供養的壓力，更能讓中高齡者擁有自信滿足的第二人生。

另一方面，對於企業來說，提供不同職務設計以符合中高齡工作者的需求，除了可補人力短缺需求外，同時以部分時薪價格獲得高階人才，甚至更進一步可提供圓夢體驗計畫，藉此找到對企業有熱情的員工，且有助於增加社會企業形象，這對企業來說並非成本而是效益。

應用層面

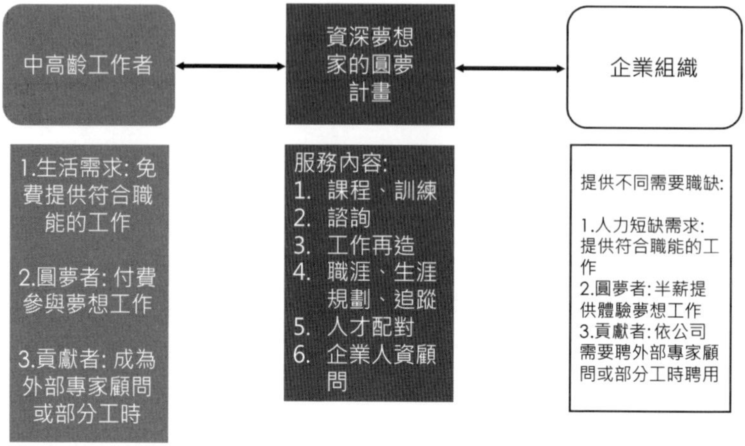
中高齡工作者
資深夢想家的圓夢計畫
企業組織
1.生活需求: 免費提供符合職能的工作
2.圓夢者: 付費參與夢想工作
3.貢獻者: 成為外部專家顧問或部分工時
服務內容:
1. 課程、訓練
2. 諮詢
3. 工作再造
4. 職涯、生涯規劃、追蹤
5. 人才配對
6. 企業人資顧問
提供不同需要職缺:
1.人力短缺需求: 提供符合職能的工作
2.圓夢者: 半薪提供體驗夢想工作
3.貢獻者: 依公司需要聘外部專家顧問或部分工時聘用

這樣的模式雖然理想化，但在我心中盤旋已久，期望和大家分享，盼能引起社會大眾重視及有關單位的協助，期待能對個人及社會造成小小漣漪，讓整體風氣有助於提升中高齡工作者持續創造貢獻，打造另類的金色經濟！

感謝

非常感謝我的先生和家人們，在我寫這本書很茫然猶豫時，給予我力量和勇氣，堅持把這本書寫完並且出版；也感謝我的好友及伙伴們，一路挺我走到現在。

最後，再次感謝您願意看到這本書的最後——

如果這本書裡面的敘述，有一點點與您目前的生活相似之處，很高興我們之間有了共鳴。也希望能帶給您一絲絲新的想法甚至行動。我知道要改變很不容易，但是只有自己才可以決定自己想要過什麼樣的人生！

國家圖書館出版品預行編目資料

金色職涯煉金術/ 李雅萍 著
--初版-- 臺北市：博客思出版事業網：2019.8
ISBN： 978-957-9267-25-0 (平裝)

1.職場成功法 2.生涯規劃

494.35　　108010805

商業管理 9

金色職涯煉金術

作　　者：李雅萍
編　　輯：楊容容、塗宇樵
美　　編：塗宇樵
封面設計：塗宇樵
出 版 者：博客思出版事業網
發　　行：博客思出版事業網
地　　址：台北市中正區重慶南路1段121號8樓之14
電　　話：(02)2331-1675或(02)2331-1691
傳　　真：(02)2382-6225
E—MAIL：books5w@gmail.com或books5w@yahoo.com.tw
網路書店：http://bookstv.com.tw/
https://www.pcstore.com.tw/yesbooks/
博客來網路書店、博客思網路書店
三民書局、金石堂書店
總 經 銷：聯合發行股份有限公司
電　　話：(02) 2917-8022　傳 真：(02) 2915-7212
劃撥戶名：蘭臺出版社　帳號：18995335
香港代理：香港聯合零售有限公司
地　　址：香港新界大蒲汀麗路36號中華商務印刷大樓
C&C Building, 36,Ting, Lai, Road, Tai,Po, New,Territories
電　　話：(852)2150-2100　傳真：(852)2356-0735
出版日期：2019年8月 初版
定　　價：新臺幣380元整（平裝）
I S B N ： 978-957-9267-25-0